JN098600

トコトンさんすう

小学1年の けいさんドリル

文英堂

この本の  くみたてと つかいかた

❶ ～ ❺❹ ▶	れんしゅうもんだいで, 1かいぶんは 2ページです。おちついて, ていねいに けいさんしましょう。
もんだい ▶	けいさんの しかたを せつめいするための もんだいです。
かんがえかた ▶	けいさんの しかたが くわしく かかれています。しっかり よみましょう。
こたえ ▶	もんだい の こたえです。

● けいさんは さんすうの きほんです!

けいさんが できないと, ときかたが わかっても 正しい こたえは 出ません。この 本は, けいさんする 力を つける ことを かんがえて つくられています。

● けいかくを たてよう!

1かいぶんは 2ページで, 54かいぶん あります。おなじような もんだいが あるので, くりかえし れんしゅうできます。むりの ない けいかくを たてて, べんきょうしましょう。

● 「まとめ」の もんだいで おさらいしよう!

「まとめ」の もんだいで, べんきょうした ことの おさらいを しましょう。そして, どれだけ けいさんできるように なったか たしかめましょう。

● こたえあわせを して, まちがいなおしを しよう!

1かいぶんが おわったら こたえあわせを して, まちがった もんだいは もういちど けいさんしましょう。まちがった ままに しておくと, なんども おなじ まちがいを します。どこで まちがったか たしかめましょう。

● とくてんを きろくしよう!

この 本の うしろに ある 「がくしゅうの きろく」に, とくてんを きろくしよう。そして, にがてな ところを みつけ, それを なくすように がんばろう。

もくじ

4

1  5までの かず

1 すうじを かきましょう。 [1もん 10てん]

1	2	3	4	5
いち	に	さん	し	ご

1	2	3	4	5

すうじを かきましょう。

［1 もん　10 てん］

5	4	3	2	1
ご	し	さん	に	いち

5	4	3	2	1

6

 2  **10までの かず**

1 すうじを かきましょう。

[1 もん 10 てん]

6	7	8	9	10
ろく	しち	はち	く	じゅう

6	7	8	9	10

すうじを かきましょう。　　　　　　　[1もん　10てん]

10	9	8	7	6
じゅう	く	はち	しち	ろく

10	9	8	7	6

8

3 いくつと いくつ ─ ①

1 □の なかに はいる かずを かきましょう。

[1もん 4てん]

(1) 3は 2と □　● ● | ●

(2) 4は 1と □　● ● ● ●

(3) 4は 2と □　● ● ● ●

(4) 4は □と 3　● ● ● ●

(5) 5は 1と □　● ● ● ● ●

(6) 5は 3と □　● ● ● ● ●

(7) 5は 4と □　● ● ● ● ●

(8) 5は □と 2　● ● ● ● ●

(9) 5は □と 4　● ● ● ● ●

2 □の なかに はいる かずを かきましょう。

[1もん 4てん]

(1) 2は 1と □　　(2) 3は 1と □

(3) 5は 2と □　　(4) 4は 3と □

(5) 3は □と 2　　(6) 4は □と 2

(7) 5は □と 3　　(8) 5は □と 1

(9) □は 1と 2　　(10) □は 3と 1

(11) □は 2と 3　　(12) □は 2と 2

(13) 3と □で 5　　(14) 1と □で 4

(15) □と 1で 3　　(16) □と 4で 5

4 いくつと いくつ ― ②

 □の なかに はいる かずを かきましょう。

[1もん 4てん]

(1) 6は 1と ☐　　● | ● ● ● ● ●

(2) 6は 2と ☐　　● ● ● ● ● ●

(3) 6は 3と ☐　　● ● ● ● ● ●

(4) 6は ☐ と 2　　● ● ● ● ● ●

(5) 6は ☐ と 4　　● ● ● ● ● ●

(6) 6は 5と ☐　　● ● ● ● ● ●

(7) 6は 4と ☐　　● ● ● ● ● ●

(8) 6は ☐ と 1　　● ● ● ● ● ●

(9) 6は ☐ と 3　　● ● ● ● ● ●

べんきょう したひ　がつ　にち　じかん 20ぷん　ごうかくてん 80てん　こたえ べっさつ3ページ　とくてん　てん　いろをぬろう 60 80 100

2　□の なかに はいる かずを かきましょう。

[1もん 4てん]

(1) 6は 2と ☐　　(2) 6は 5と ☐

(3) 6は 3と ☐　　(4) 6は 4と ☐

(5) 6は ☐と 1　　(6) 6は ☐と 4

(7) 6は ☐と 3　　(8) 6は ☐と 2

(9) ☐と 2で 6　　(10) ☐と 3で 6

(11) ☐と 5で 6　　(12) ☐と 4で 6

(13) 3と ☐で 6　　(14) 1と ☐で 6

(15) 2と ☐で 6　　(16) 5と ☐で 6

5 いくつと いくつ ─③

1 □の なかに はいる かずを かきましょう。

[1もん 4てん]

(1) 7は 1と □　　● | ● ● ● ● ● ●

(2) 7は 3と □　　● ● ● ● ● ● ●

(3) 7は 5と □　　● ● ● ● ● ● ●

(4) 7は □ と 6　　● ● ● ● ● ● ●

(5) 7は □ と 4　　● ● ● ● ● ● ●

(6) 7は 2と □　　● ● ● ● ● ● ●

(7) 7は 4と □　　● ● ● ● ● ● ●

(8) 7は □ と 1　　● ● ● ● ● ● ●

(9) 7は □ と 5　　● ● ● ● ● ● ●

❷　□の なかに はいる かずを かきましょう。

[1もん　4てん]

(1)　7は 2と □　　　　(2)　7は 6と □

(3)　7は 4と □　　　　(4)　7は 5と □

(5)　7は □ と 3　　　　(6)　7は □ と 1

(7)　7は □ と 2　　　　(8)　7は □ と 4

(9)　□ と 6で 7　　　　(10)　□ と 1で 7

(11)　□ と 3で 7　　　　(12)　□ と 5で 7

(13)　4と □ で 7　　　　(14)　2と □ で 7

(15)　3と □ で 7　　　　(16)　5と □ で 7

14

 いくつと いくつ ― ④

1 □の なかに はいる かずを かきましょう。

[1 もん 4 てん]

(1) 8は 2と □　● ● | ● ● ● ● ● ●

(2) 8は 4と □　● ● ● ● ● ● ● ●

(3) 8は 6と □　● ● ● ● ● ● ● ●

(4) 8は □と 5　● ● ● ● ● ● ● ●

(5) 8は □と 3　● ● ● ● ● ● ● ●

(6) 8は 1と □　● ● ● ● ● ● ● ●

(7) 8は 7と □　● ● ● ● ● ● ● ●

(8) 8は □と 2　● ● ● ● ● ● ● ●

(9) 8は □と 6　● ● ● ● ● ● ● ●

15

2 □の なかに はいる かずを かきましょう。

[1もん 4てん]

(1) 8は 1と ☐   (2) 8は 5と ☐

(3) 8は 3と ☐   (4) 8は 7と ☐

(5) 8は ☐と 4   (6) 8は ☐と 6

(7) 8は ☐と 2   (8) 8は ☐と 5

(9) ☐と 3で 8   (10) ☐と 1で 8

(11) ☐と 4で 8   (12) ☐と 6で 8

(13) 7と ☐で 8   (14) 2と ☐で 8

(15) 3と ☐で 8   (16) 4と ☐で 8

7 いくつと いくつ ─ ⑤

1 □の なかに はいる かずを かきましょう。

[1もん 4てん]

(1) 9は 3と □ 　● ● ● | ● ● ● ● ● ●

(2) 9は 5と □ 　● ● ● ● ● ● ● ● ●

(3) 9は 8と □ 　● ● ● ● ● ● ● ● ●

(4) 9は □と 2 　● ● ● ● ● ● ● ● ●

(5) 9は □と 7 　● ● ● ● ● ● ● ● ●

(6) 9は 4と □ 　● ● ● ● ● ● ● ● ●

(7) 9は 1と □ 　● ● ● ● ● ● ● ● ●

(8) 9は □と 6 　● ● ● ● ● ● ● ● ●

(9) 9は □と 5 　● ● ● ● ● ● ● ● ●

2　□の なかに はいる かずを かきましょう。

[1もん 4てん]

(1) 9は 2と □　　(2) 9は 6と □

(3) 9は 8と □　　(4) 9は 4と □

(5) 9は □ と 3　　(6) 9は □ と 7

(7) 9は □ と 5　　(8) 9は □ と 1

(9) □ と 3で 9　　(10) □ と 8で 9

(11) □ と 2で 9　　(12) □ と 5で 9

(13) 1と □ で 9　　(14) 6と □ で 9

(15) 4と □ で 9　　(16) 7と □ で 9

18

8 いくつと いくつ—⑥

1 □の なかに はいる かずを かきましょう。

[1もん 4てん]

(1) 10は 7と □　●●●●●●●│●●●

(2) 10は 4と □　●●●●●●●●●●

(3) 10は 1と □　●●●●●●●●●●

(4) 10は □と 2　●●●●●●●●●●

(5) 10は □と 5　●●●●●●●●●●

(6) 10は 8と □　●●●●●●●●●●

(7) 10は 9と □　●●●●●●●●●●

(8) 10は □と 6　●●●●●●●●●●

(9) 10は □と 3　●●●●●●●●●●

べんきょう
したひ　　がつ　　にち　　じかん 20ぷん　ごうかくてん 80てん　こたえ べっさつ 5ページ　とくてん　　てん　いろをぬろう 60 80 100

2 □の なかに はいる かずを かきましょう。

[1もん　4てん]

(1) 10は 2と □　　(2) 10は 5と □

(3) 10は 7と □　　(4) 10は 1と □

(5) 10は □と 4　　(6) 10は □と 3

(7) 10は □と 9　　(8) 10は □と 8

(9) □と 6で 10　　(10) □と 7で 10

(11) □と 5で 10　　(12) □と 2で 10

(13) 1と □で 10　　(14) 4と □で 10

(15) 8と □で 10　　(16) 3と □で 10

9 「いくつと いくつ」の まとめ ── ①

1 □の なかに はいる かずを かきましょう。

[(1)〜(8) 1もん 2てん, (9)〜(18) 1もん 3てん]

(1) 2は 1と ☐   (2) 3は 1と ☐

(3) 5は 2と ☐   (4) 7は 4と ☐

(5) 8は 3と ☐   (6) 10は 4と ☐

(7) 9は 4と ☐   (8) 6は 2と ☐

(9) 4は 2と ☐   (10) 5は 4と ☐

(11) 8は 4と ☐   (12) 10は 8と ☐

(13) 7は 1と ☐   (14) 3は 2と ☐

(15) 4は 3と ☐   (16) 6は 3と ☐

(17) 9は 2と ☐   (18) 10は 7と ☐

2　□の なかに はいる かずを かきましょう。

[1もん 3てん]

(1)　6は 1と □

(2)　4は 3と □

(3)　7は 5と □

(4)　5は 3と □

(5)　9は □ と 3

(6)　8は □ と 5

(7)　10は □ と 5

(8)　7は □ と 3

(9)　□ と 4で 6

(10)　□ と 1で 5

(11)　□ と 6で 7

(12)　□ と 2で 8

(13)　6と □ で 10

(14)　7と □ で 8

(15)　5と □ で 6

(16)　2と □ で 7

(17)　7と □ で 9

(18)　2と □ で 10

10  「いくつと いくつ」の まとめ ── ②

 □の なかに はいる かずを かきましょう。

[(1)～(8) 1もん 2てん, (9)～(18) 1もん 3てん]

(1) 3は 2と □

(2) 4は 3と □

(3) 5は 3と □

(4) 6は 5と □

(5) 7は 4と □

(6) 8は 2と □

(7) 9は 8と □

(8) 10は 6と □

(9) 6は 2と □

(10) 5は 4と □

(11) 4は 2と □

(12) 7は 5と □

(13) 8は 7と □

(14) 10は 3と □

(15) 9は 5と □

(16) 6は 3と □

(17) 8は 4と □

(18) 10は 8と □

べんきょう
したひ　　　がつ　　　にち

じかん
20ぷん

ごうかくてん
80てん

こたえ
べっさつ
5ページ

とくてん
　　　てん

いろをぬろう
☆　☆　☆
60　80　100

2　□の なかに はいる かずを かきましょう。

[1もん 3てん]

(1)　3は 1と □

(2)　4は 2と □

(3)　5は 2と □

(4)　6は 4と □

(5)　8は □と 7

(6)　10は □と 7

(7)　9は □と 3

(8)　7は □と 2

(9)　□と 4で 9

(10)　□と 1で 7

(11)　□と 3で 4

(12)　□と 3で 6

(13)　5と □で 10

(14)　3と □で 8

(15)　1と □で 5

(16)　2と □で 3

(17)　2と □で 9

(18)　4と □で 10

 たしざん(1)─①

もんだい 3＋2を けいさんしましょう。

かんがえかた ●●●と ●●を あわせると ●●●●●

3と 2を あわせると 5に なります。

このことを しきで

　　3＋2＝5

と かいて,

　　3たす 2は 5

と よみます。

こたえ 5

 たしざんを しましょう。　　　　　　[1もん 4てん]

(1) 1＋1　　　　　　(2) 2＋1

(3) 2＋3　　　　　　(4) 4＋2

(5) 3＋1　　　　　　(6) 3＋4

(7) 5＋2　　　　　　(8) 1＋2

(9) 2＋4　　　　　　(10) 3＋3

2 たしざんを しましょう。　　[1もん 3てん]

(1) 1 + 3　　　　　(2) 2 + 2

(3) 4 + 1　　　　　(4) 5 + 3

(5) 2 + 5　　　　　(6) 4 + 4

(7) 1 + 5　　　　　(8) 4 + 3

(9) 1 + 4　　　　　(10) 3 + 5

(11) 5 + 4　　　　　(12) 3 + 1

(13) 2 + 4　　　　　(14) 3 + 3

(15) 5 + 1　　　　　(16) 4 + 2

(17) 5 + 5　　　　　(18) 3 + 4

(19) 5 + 2　　　　　(20) 4 + 5

 たしざん(1)—②

もんだい 3＋0と 0＋3を けいさんしましょう。

かんがえかた なにも ないときの かずは 0 です。

●●● + ☐ = ●●●

☐ + ●●● = ●●●

0との たしざんでは かずは かわりません。

こたえ 3＋0＝3 0＋3＝3

1 たしざんを しましょう。

[1もん 3てん]

(1) 4＋0

(2) 0＋5

(3) 2＋0

(4) 0＋4

(5) 1＋1

(6) 4＋1

(7) 5＋3

(8) 0＋2

(9) 2＋4

(10) 1＋3

(11) 3＋2

(12) 3＋4

| べんきょうしたひ | がつ　　にち | じかん 20ぷん | ごうかくてん 80てん | こたえ べっさつ 6ページ | とくてん　　てん | いろをぬろう 60 80 100 |

 たしざんを しましょう。

[(1)〜(16)　1もん　3てん,　(17)〜(20)　1もん　4てん]

(1) 0 + 1　　　　(2) 5 + 0

(3) 1 + 2　　　　(4) 2 + 5

(5) 3 + 3　　　　(6) 1 + 0

(7) 5 + 2　　　　(8) 4 + 4

(9) 2 + 3　　　　(10) 1 + 5

(11) 3 + 1　　　　(12) 4 + 3

(13) 3 + 5　　　　(14) 1 + 4

(15) 2 + 1　　　　(16) 4 + 5

(17) 5 + 1　　　　(18) 5 + 4

(19) 0 + 0　　　　(20) 5 + 5

 13 たしざん(1)──③

 1 たしざんを しましょう。

[1もん 2てん]

(1) 6 + 1

(2) 5 + 3

(3) 7 + 2

(4) 2 + 6

(5) 3 + 4

(6) 8 + 1

(7) 1 + 5

(8) 3 + 6

(9) 9 + 1

(10) 1 + 7

(11) 4 + 2

(12) 2 + 7

(13) 5 + 4

(14) 1 + 8

(15) 3 + 7

(16) 6 + 3

(17) 5 + 2

(18) 7 + 0

(19) 4 + 5

(20) 6 + 4

べんきょう
したひ　　がつ　　にち

じかん
⑳ぷん

ごうかくてん
⑳てん

こたえ
べっさつ
6ページ

とくてん　　　てん

いろをぬろう
☆☆☆
60 80 100

 たしざんを しましょう。

[1 もん　3 てん]

(1)　2 ＋ 5

(2)　6 ＋ 2

(3)　0 ＋ 8

(4)　4 ＋ 4

(5)　7 ＋ 1

(6)　9 ＋ 0

(7)　1 ＋ 6

(8)　7 ＋ 3

(9)　6 ＋ 0

(10)　2 ＋ 8

(11)　3 ＋ 3

(12)　0 ＋ 9

(13)　4 ＋ 6

(14)　2 ＋ 4

(15)　3 ＋ 5

(16)　0 ＋ 6

(17)　4 ＋ 3

(18)　5 ＋ 5

(19)　0 ＋ 7

(20)　1 ＋ 9

14  たしざん(1) — ④

1 たしざんを しましょう。

[1 もん　2 てん]

(1)　2 + 5　　　　(2)　6 + 3

(3)　3 + 0　　　　(4)　1 + 7

(5)　7 + 2　　　　(6)　2 + 4

(7)　5 + 3　　　　(8)　4 + 6

(9)　8 + 1　　　　(10)　3 + 5

(11)　1 + 4　　　　(12)　6 + 2

(13)　7 + 3　　　　(14)　2 + 2

(15)　0 + 4　　　　(16)　5 + 1

(17)　3 + 6　　　　(18)　4 + 3

(19)　7 + 1　　　　(20)　0 + 6

たしざんを しましょう。

[1もん　3てん]

(1)　1 + 5

(2)　2 + 3

(3)　4 + 4

(4)　6 + 0

(5)　8 + 2

(6)　3 + 3

(7)　2 + 6

(8)　1 + 9

(9)　3 + 4

(10)　10 + 0

(11)　4 + 2

(12)　1 + 8

(13)　5 + 4

(14)　9 + 1

(15)　0 + 8

(16)　5 + 2

(17)　4 + 5

(18)　2 + 8

(19)　0 + 10

(20)　6 + 4

 # ひきざん(1)─①

> **もんだい** 5－3を けいさんしましょう。
>
> **かんがえかた** 5こから 3こ とると 2こ のこります。
>
> このことを しきで
>
> $$5－3＝2$$
>
> と かいて,
>
> 5ひく 3は 2
>
> と よみます。
>
>
>
> とる　　のこる
>
> **こたえ** 2

1 ひきざんを しましょう。

[1もん 3てん]

(1) 3－2

(2) 4－1

(3) 2－1

(4) 5－2

(5) 4－2

(6) 3－1

(7) 5－1

(8) 6－3

(9) 5－4

(10) 6－1

(11) 4－3

(12) 6－4

ひきざんを しましょう。

[(1)〜(16) 1もん 3てん, (17)〜(20) 1もん 4てん]

(1) 9 − 7　　(2) 7 − 4

(3) 8 − 3　　(4) 9 − 2

(5) 6 − 2　　(6) 8 − 1

(7) 7 − 2　　(8) 10 − 3

(9) 8 − 4　　(10) 9 − 3

(11) 7 − 1　　(12) 8 − 5

(13) 9 − 4　　(14) 10 − 2

(15) 7 − 3　　(16) 9 − 1

(17) 7 − 5　　(18) 8 − 2

(19) 9 − 5　　(20) 10 − 4

16 ひきざん(1)―②

もんだい 3−0と 3−3を けいさんしましょう。

かんがえかた 0を ひいても かずは かわりません。

また，おなじ かずの ひきざんの こたえは 0です。

●●● − ☐ = ●●●

●●● − ●●● = ☐

こたえ 3−0＝3　3−3＝0

1 ひきざんを しましょう。

[1もん 3てん]

(1) 4−0

(2) 4−1

(3) 4−2

(4) 4−3

(5) 4−4

(6) 2−1

(7) 5−5

(8) 6−5

(9) 7−0

(10) 8−8

(11) 9−1

(12) 10−0

べんきょう したひ	がつ　　　にち	じかん 20ぷん	ごうかくてん 80てん	こたえ べっさつ 7ページ	とくてん 　　　てん	いろをぬろう ☆☆☆ 60　80　100

 ひきざんを しましょう。

[(1)～(16)　1もん　3てん, (17)～(20)　1もん　4てん]

(1)　2 − 2

(2)　3 − 1

(3)　5 − 0

(4)　6 − 3

(5)　7 − 1

(6)　8 − 5

(7)　9 − 9

(8)　8 − 2

(9)　6 − 4

(10)　5 − 2

(11)　7 − 3

(12)　9 − 5

(13)　5 − 1

(14)　3 − 2

(15)　6 − 0

(16)　7 − 7

(17)　8 − 4

(18)　9 − 3

(19)　7 − 5

(20)　10 − 3

17 ひきざん(1)—③

1 ひきざんを しましょう。

[1もん 2てん]

(1) 6 − 4

(2) 3 − 2

(3) 7 − 3

(4) 8 − 4

(5) 5 − 2

(6) 9 − 5

(7) 4 − 3

(8) 10 − 4

(9) 9 − 3

(10) 6 − 1

(11) 8 − 0

(12) 9 − 9

(13) 2 − 1

(14) 5 − 4

(15) 7 − 2

(16) 1 − 1

(17) 4 − 0

(18) 9 − 4

(19) 5 − 5

(20) 10 − 1

2　ひきざんを しましょう。

[1もん 3てん]

(1)　2 − 2

(2)　4 − 1

(3)　5 − 3

(4)　6 − 5

(5)　8 − 3

(6)　7 − 6

(7)　9 − 2

(8)　10 − 5

(9)　5 − 0

(10)　6 − 6

(11)　7 − 1

(12)　8 − 7

(13)　9 − 6

(14)　6 − 2

(15)　7 − 7

(16)　8 − 5

(17)　9 − 0

(18)　7 − 5

(19)　8 − 8

(20)　10 − 7

18  ひきざん⑴ ― ④

1 ひきざんを しましょう。

[1もん 2てん]

(1) 5 − 3

(2) 6 − 2

(3) 7 − 0

(4) 8 − 6

(5) 9 − 5

(6) 10 − 3

(7) 4 − 4

(8) 6 − 5

(9) 7 − 3

(10) 8 − 7

(11) 9 − 2

(12) 10 − 8

(13) 9 − 6

(14) 5 − 5

(15) 8 − 0

(16) 7 − 2

(17) 6 − 6

(18) 7 − 4

(19) 8 − 3

(20) 10 − 7

ひきざんを しましょう。　　　　　　　[1 もん　3 てん]

(1)　4 － 3

(2)　5 － 2

(3)　6 － 4

(4)　7 － 6

(5)　8 － 8

(6)　9 － 7

(7)　8 － 5

(8)　9 － 4

(9)　6 － 1

(10)　10 － 6

(11)　7 － 5

(12)　8 － 4

(13)　9 － 8

(14)　10 － 10

(15)　9 － 3

(16)　10 － 5

(17)　7 － 7

(18)　5 － 0

(19)　10 － 9

(20)　0 － 0

19  「たしざん⑴」「ひきざん⑴」の まとめ ——①

1 けいさんを しましょう。

[1もん 2てん]

(1) 4 + 3

(2) 7 − 2

(3) 8 + 1

(4) 9 − 3

(5) 6 + 2

(6) 5 − 0

(7) 4 + 6

(8) 6 − 4

(9) 7 + 2

(10) 8 − 8

(11) 2 + 5

(12) 10 − 4

(13) 5 + 3

(14) 3 − 2

(15) 3 + 6

(16) 8 − 4

(17) 9 + 1

(18) 9 − 6

(19) 2 + 8

(20) 10 − 8

2 けいさんを しましょう。

[1もん 3てん]

(1) 1 + 4　　(2) 5 − 3

(3) 7 − 5　　(4) 2 + 7

(5) 3 + 4　　(6) 5 + 5

(7) 6 − 2　　(8) 8 − 3

(9) 9 − 1　　(10) 1 + 8

(11) 3 + 5　　(12) 9 − 9

(13) 7 + 1　　(14) 6 − 5

(15) 0 + 9　　(16) 8 − 6

(17) 7 − 4　　(18) 6 + 3

(19) 1 + 7　　(20) 10 − 3

 「たしざん⑴」「ひきざん⑴」の まとめ ――②

 あかい ちゅうりっぷが 5ほん，きいろい ちゅうりっぷが 3ぼん さいています。あわせて なんぼん さいているでしょう。　　　　[15 てん]

しき

こたえ

 いちごが 9こ あります。そのうち 4こ たべ ました。のこりは なんこでしょう。　　　　[15 てん]

しき

こたえ

 くるまが 7だい とまっています。そこへ く るまが 2だい とまりました。くるまは ぜん ぶで なんだい とまっていますか。　　　　[15 てん]

しき

こたえ

りんごが 5こ，みかんが 7こ あります。どちらが なんこ おおいでしょう。　[15 てん]

しき

こたえ

 こどもが 8にん あそんでいます。そのうち 3にん かえりました。のこっているのは なんにんでしょう。　[20 てん]

しき

こたえ

 ばすに おきゃくさんが 6にん のっています。ていりゅうじょで ふたり のりました。おきゃくさんは みんなで なんにんに なりましたか。　[20 てん]

しき

こたえ

21 20までの かず ― ①

もんだい 10＋6を けいさんしましょう。

かんがえかた 10と 6を あわせた かずを じゅうろくと いい，16と かきます。

これより，

10＋6＝16

と なります。

こたえ 16

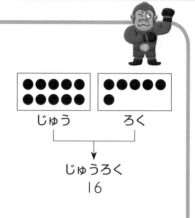

じゅう　　　ろく

↓

じゅうろく
16

1 たしざんを しましょう。

[1もん 5てん]

(1) 10＋2

(2) 10＋5

(3) 10＋1

(4) 10＋7

(5) 10＋4

(6) 10＋3

(7) 10＋0

(8) 10＋8

(9) 10＋9

(10) 10＋10

45

| べんきょう したひ | がつ　　にち | じかん 20ぷん | ごうかくてん 80てん | こたえ べっさつ 10ページ | とくてん　　てん | いろをぬろう 60 80 100 |

> **もんだい** 4 + 10を けいさんしましょう。
>
> **かんがえかた** 4と 10を あわせること
> は，10と 4を あわせることと
> おなじです。
> これより，
> 　　4 + 10 = 14
> と なります。
> **こたえ** 14

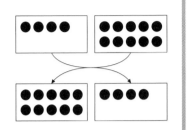

2 たしざんを しましょう。

[1 もん 5 てん]

(1) 1 + 10

(2) 5 + 10

(3) 2 + 10

(4) 7 + 10

(5) 0 + 10

(6) 8 + 10

(7) 3 + 10

(8) 6 + 10

(9) 9 + 10

(10) 10 + 10

 # 22 20までの かず ─ ②

もんだい 13 + 2を けいさんしましょう。

かんがえかた 13は 10と 3です。

13の 3と 2を たして
3 + 2 = 5
13の 10と あわせて,
こたえは
15
と なります。

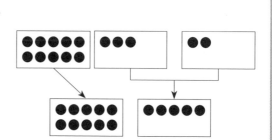

こたえ 15

1 たしざんを しましょう。

[1もん 4てん]

(1) 10 + 8

(2) 13 + 5

(3) 12 + 6

(4) 11 + 4

(5) 14 + 2

(6) 15 + 3

(7) 16 + 1

(8) 14 + 5

(9) 11 + 7

(10) 13 + 6

たしざんを しましょう。

[1もん 3てん]

(1)　11 + 1　　　　(2)　17 + 1

(3)　15 + 3　　　　(4)　12 + 7

(5)　13 + 3　　　　(6)　14 + 1

(7)　18 + 0　　　　(8)　12 + 4

(9)　15 + 2　　　　(10)　16 + 4

(11)　12 + 3　　　　(12)　11 + 6

(13)　17 + 2　　　　(14)　12 + 5

(15)　14 + 4　　　　(16)　16 + 0

(17)　11 + 5　　　　(18)　14 + 3

(19)　15 + 4　　　　(20)　13 + 7

48

23 **20までの かず―③**

> もんだい 3＋14を けいさんしましょう。
>
> かんがえかた 14は 10と 4です。
>   3と 14の 4を たして
>   3＋4＝7
>   14の 10と あわせて,
>   こたえは
>   17
>   と なります。
>
> こたえ 17

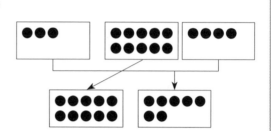

1 たしざんを しましょう。　　　　　　　　　[1もん 4てん]

(1) 4＋10　　　　(2) 6＋11

(3) 2＋13　　　　(4) 5＋12

(5) 1＋17　　　　(6) 2＋15

(7) 5＋13　　　　(8) 3＋12

(9) 8＋11　　　　(10) 7＋13

2　たしざんを しましょう。

［1もん 3てん］

(1)　1 + 18

(2)　16 + 2

(3)　0 + 15

(4)　3 + 13

(5)　17 + 2

(6)　6 + 11

(7)　2 + 15

(8)　15 + 4

(9)　9 + 11

(10)　14 + 1

(11)　4 + 14

(12)　11 + 8

(13)　11 + 3

(14)　5 + 12

(15)　2 + 13

(16)　16 + 0

(17)　15 + 5

(18)　4 + 12

(19)　6 + 14

(20)　10 + 10

50

20までの かず──④

もんだい　12＋6を ひっさんで けいさんしましょう。

かんがえかた　みぎの ように くらいを そろえて
たてに かいて けいさんします。

```
   1 2
 +   6
 ─────
   1 8
```

こたえ　18

1　ひっさんで けいさんしましょう。

[(1)～(5) 1もん 4てん, (6)～(9) 1もん 5てん]

(1)
```
   1 2
 +   4
```

(2)
```
   1 3
 +   2
```

(3)
```
   1 5
 +   3
```

(4)
```
     7
 + 1 1
```

(5)
```
     5
 + 1 2
```

(6)
```
     3
 + 1 4
```

(7)
```
   1 7
 +   2
```

(8)
```
     6
 + 1 1
```

(9)
```
   1 6
 +   3
```

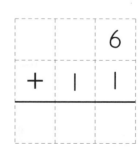

2 ひっさんで けいさんしましょう。

[1もん 4てん]

(1)
```
   1 1
+    4
------
```

(2)
```
   1 4
+    5
------
```

(3)
```
   1 7
+    1
------
```

(4)
```
     6
+  1 3
------
```

(5)
```
     2
+  1 5
------
```

(6)
```
     4
+  1 3
------
```

(7)
```
   1 1
+    5
------
```

(8)
```
     3
+  1 3
------
```

(9)
```
   1 4
+    4
------
```

(10)
```
   1 8
+    1
------
```

(11)
```
     3
+  1 2
------
```

(12)
```
   1 3
+    5
------
```

(13)
```
   1 4
+    2
------
```

(14)
```
     4
+  1 5
------
```

(15)
```
   1 2
+    7
------
```

 **25** **20までの かず ― ⑤**

もんだい 14 − 4 を けいさんしましょう。

かんがえかた 14 は 10 と 4 です。

そこから 4 を とると 10 のこります。

これより,

14 − 4 = 10

と なります。

こたえ 10

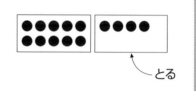

とる

---

1 ひきざんを しましょう。

[1 もん 5 てん]

(1) 12 − 2   (2) 15 − 5

(3) 13 − 3   (4) 10 − 0

(5) 17 − 7   (6) 19 − 9

(7) 18 − 8   (8) 16 − 6

(9) 11 − 1   (10) 20 − 10

べんきょう
したひ　　がつ　　にち

じかん　ごうかくてん　こたえ
20ぷん　80てん　べっさつ
11ページ

とくてん　　　てん

いろをぬろう
60　80　100

もんだい　13 − 10を けいさんしましょう。

かんがえかた　13は 10と 3です。

そこから 10を とると 3 のこります。

これより，

13 − 10 ＝ 3

と なります。

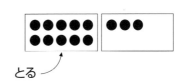

とる

こたえ　3

2　ひきざんを しましょう。

[1もん 5てん]

(1)　11 − 10

(2)　10 − 10

(3)　17 − 10

(4)　12 − 10

(5)　16 − 10

(6)　18 − 10

(7)　15 − 10

(8)　19 − 10

(9)　14 − 10

(10)　20 − 10

 **26** **20までの かず──⑥**

もんだい 15−2を けいさんしましょう。

かんがえかた 15は 10と 5です。

15の 5から 2を ひいて

5−2＝3

15の 10と あわせて,

こたえは

13

と なります。

こたえ 13

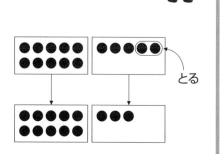
とる

1 ひきざんを しましょう。

[1もん 4てん]

(1) 12−1 　　　 (2) 17−2

(3) 16−3 　　　 (4) 14−2

(5) 13−1 　　　 (6) 18−6

(7) 17−4 　　　 (8) 19−5

(9) 15−3 　　　 (10) 19−3

ひきざんを　しましょう。

[1 もん　3 てん]

(1)　11 − 1

(2)　17 − 1

(3)　15 − 4

(4)　19 − 2

(5)　13 − 3

(6)　14 − 1

(7)　18 − 0

(8)　19 − 4

(9)　15 − 1

(10)　16 − 5

(11)　12 − 2

(12)　19 − 7

(13)　17 − 3

(14)　18 − 5

(15)　14 − 4

(16)　16 − 0

(17)　17 − 5

(18)　14 − 3

(19)　15 − 5

(20)　19 − 6

 27 20までの かず—⑦

もんだい 17－4を ひっさんで けいさんしましょう。

かんがえかた みぎの ように くらいを そろえて
たてに かいて けいさんします。

こたえ 13

	1	7
－		4
	1	3

1 ひっさんで けいさんしましょう。

[(1)～(5) 1もん 4てん, (6)～(9) 1もん 5てん]

(1)
	1	3
－		2

(2)
	1	8
－		6

(3)
	1	5
－		4

(4)
	1	7
－		1

(5)
	1	4
－		3

(6)
	1	2
－		2

(7)
	1	8
－		4

(8)
	1	6
－		5

(9)
	1	9
－		7

べんきょう
したひ　　　がつ　　　にち

じかん　ごうかくてん　こたえ
20ぷん　80てん　べっさつ
　　　　　　　　12ページ

とくてん　　　　　てん

いろをぬろう
60　80　100

2 ひっさんで けいさんしましょう。

[1もん 4てん]

(1)
$$\begin{array}{r} 1\ 4 \\ -\ 2 \\ \hline \end{array}$$

(2)
$$\begin{array}{r} 1\ 6 \\ -\ 3 \\ \hline \end{array}$$

(3)
$$\begin{array}{r} 1\ 9 \\ -\ 5 \\ \hline \end{array}$$

(4)
$$\begin{array}{r} 1\ 7 \\ -\ 3 \\ \hline \end{array}$$

(5)
$$\begin{array}{r} 1\ 8 \\ -\ 2 \\ \hline \end{array}$$

(6)
$$\begin{array}{r} 1\ 5 \\ -\ 1 \\ \hline \end{array}$$

(7)
$$\begin{array}{r} 1\ 7 \\ -\ 7 \\ \hline \end{array}$$

(8)
$$\begin{array}{r} 1\ 9 \\ -\ 3 \\ \hline \end{array}$$

(9)
$$\begin{array}{r} 1\ 6 \\ -\ 4 \\ \hline \end{array}$$

(10)
$$\begin{array}{r} 1\ 2 \\ -\ 1 \\ \hline \end{array}$$

(11)
$$\begin{array}{r} 1\ 6 \\ -\ 2 \\ \hline \end{array}$$

(12)
$$\begin{array}{r} 1\ 7 \\ -\ 5 \\ \hline \end{array}$$

(13)
$$\begin{array}{r} 1\ 9 \\ -\ 4 \\ \hline \end{array}$$

(14)
$$\begin{array}{r} 1\ 6 \\ -\ 6 \\ \hline \end{array}$$

(15)
$$\begin{array}{r} 1\ 9 \\ -\ 8 \\ \hline \end{array}$$

 **28** 「20までの かず」の まとめ ── ①

1 けいさんを しましょう。 [1もん 2てん]

(1) 10 ＋ 9　　　(2) 16 － 3

(3) 17 － 6　　　(4) 1 ＋ 15

(5) 16 ＋ 3　　　(6) 14 ＋ 4

(7) 15 － 2　　　(8) 18 － 8

(9) 14 － 2　　　(10) 15 ＋ 2

(11) 17 － 4　　　(12) 7 ＋ 10

(13) 18 － 3　　　(14) 19 － 4

(15) 3 ＋ 13　　　(16) 17 ＋ 2

(17) 11 ＋ 6　　　(18) 19 － 6

(19) 12 ＋ 7　　　(20) 16 － 5

べんきょう
したひ　　　がつ　　　にち

じかん ごうかくてん こたえ

20ぷん　80てん　べっさつ
12ページ

とくてん　　　てん

いろをぬろう
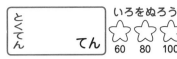
60　80　100

 けいさんを しましょう。

[1もん 3てん]

(1) 12 − 2

(2) 14 + 3

(3) 15 − 1

(4) 8 + 11

(5) 13 − 2

(6) 15 − 3

(7) 19 + 0

(8) 15 + 3

(9) 10 + 6

(10) 17 − 2

(11) 13 + 6

(12) 17 − 1

(13) 4 + 15

(14) 19 − 2

(15) 17 − 7

(16) 2 + 10

(17) 15 − 4

(18) 11 + 7

(19) 14 + 5

(20) 17 − 5

 **「20までの かず」の まとめ ― ②**

1 あめが 10こ ありました。おかあさんに 5こ もらいました。あめは ぜんぶで なんこに なりましたか。 [15てん]

しき

こたえ

2 えんぴつが 17ほん ありました。いもうとに 6ぽん あげました。のこりは なんぼんに なったでしょう。 [15てん]

しき

こたえ

3 ばすに おきゃくさんが 16にん のっています。ていりゅうじょで, 4にん おりました。おきゃくさんは なんにんに なりましたか。 [15てん]

しき

こたえ

べんきょう
したひ　　がつ　　にち

じかん　20ぷん
ごうかくてん　80てん
こたえ　べっさつ 12ページ

とくてん　　てん

いろをぬろう
60　80　100

 すいそうに きんぎょが 11ぴき います。そこ
へ きんぎょを 7ひき いれると, みんなで な
んびきに なりますか。　　　　　　　　　　[15てん]

しき

こたえ

 いえに ひまわりが 5ほん さいています。が
っこうには 15ほん さいています。がっこうの
ほうが なんぼん おおいでしょう。　　　　　[20てん]

しき

こたえ

 かぶとむしが 14ひき います。くわがたは 5
ひき います。ぜんぶで なんびき いるでしょ
う。　　　　　　　　　　　　　　　　　　　　[20てん]

しき

こたえ

3つの かずの けいさん ― ①

もんだい 5＋3－6を けいさんしましょう。

かんがえかた 3つの かずの けいさんでは，まえから じゅんに けいさんします。

5＋3－6＝8－6＝2

まえから けいさんする

こたえ 2

1 けいさんを しましょう。

[1もん 4てん]

(1) 1＋2＋3

(2) 4＋3＋2

(3) 3＋4－2

(4) 6＋1－4

(5) 7－3＋4

(6) 9－6＋2

(7) 8－2－3

(8) 9－3－1

(9) 5＋4－3

(10) 5－4＋3

| べんきょう
したひ | がつ　　にち | じかん
20ぷん | ごうかくてん
80てん | こたえ
べっさつ
13ページ | とくてん
　　てん | いろをぬろう
60　80　100 |

 けいさんを しましょう。

[1もん 3てん]

(1) 1 + 3 + 4

(2) 2 + 4 + 1

(3) 3 + 3 + 2

(4) 4 + 1 + 4

(5) 5 + 2 + 3

(6) 2 + 6 − 3

(7) 1 + 7 − 4

(8) 5 + 3 − 2

(9) 4 + 5 − 6

(10) 4 + 1 − 5

(11) 9 − 3 + 2

(12) 7 − 4 + 5

(13) 6 − 1 + 3

(14) 10 − 7 + 2

(15) 8 − 2 + 4

(16) 8 − 2 − 4

(17) 6 − 2 − 2

(18) 7 − 3 − 4

(19) 9 − 1 − 5

(20) 10 − 6 − 3

64

 **3つの かずの けいさん ── ②**

 けいさんを しましょう。

[1もん 2てん]

(1) 1 ＋ 9 ＋ 3

(2) 3 ＋ 7 ＋ 2

(3) 4 ＋ 6 ＋ 8

(4) 5 ＋ 5 ＋ 1

(5) 8 ＋ 2 ＋ 7

(6) 7 ＋ 3 － 4

(7) 9 ＋ 1 － 7

(8) 5 ＋ 5 － 5

(9) 6 ＋ 4 － 2

(10) 2 ＋ 8 － 3

(11) 11 － 1 ＋ 2

(12) 17 － 7 ＋ 5

(13) 16 － 6 ＋ 3

(14) 15 － 5 ＋ 4

(15) 18 － 8 ＋ 1

(16) 14 － 4 － 8

(17) 12 － 2 － 3

(18) 19 － 9 － 4

(19) 13 － 3 － 9

(20) 16 － 6 － 5

2 けいさんを しましょう。　　［1もん 3てん］

(1) 2 ＋ 8 ＋ 1　　　　(2) 7 ＋ 3 － 5

(3) 4 ＋ 6 － 4　　　　(4) 5 ＋ 5 ＋ 7

(5) 9 ＋ 1 ＋ 8　　　　(6) 8 ＋ 2 ＋ 6

(7) 1 ＋ 9 － 6　　　　(8) 3 ＋ 7 － 9

(9) 5 ＋ 5 ＋ 3　　　　(10) 6 ＋ 4 － 7

(11) 12 － 2 ＋ 5　　　(12) 14 － 4 － 2

(13) 16 － 6 － 7　　　(14) 17 － 7 ＋ 3

(15) 13 － 3 － 5　　　(16) 11 － 1 － 4

(17) 19 － 9 ＋ 6　　　(18) 15 － 5 ＋ 9

(19) 18 － 8 ＋ 7　　　(20) 12 － 2 － 6

32 「3つの かずの けいさん」の まとめ

1 けいさんを しましょう。 [1もん 2てん]

(1) 2 + 4 + 3   (2) 5 + 3 + 2

(3) 7 + 3 + 4   (4) 6 + 4 + 5

(5) 9 + 1 + 7   (6) 4 + 3 − 5

(7) 2 + 6 − 8   (8) 8 + 2 − 1

(9) 5 + 5 − 9   (10) 4 + 6 − 3

(11) 7 − 5 + 3   (12) 6 − 5 + 8

(13) 12 − 2 + 4   (14) 17 − 7 + 2

(15) 19 − 9 + 7   (16) 8 − 5 − 1

(17) 10 − 6 − 4   (18) 15 − 5 − 4

(19) 16 − 6 − 3   (20) 18 − 8 − 9

べんきょう
したひ　　がつ　　にち

じかん　ごうかくてん　こたえ
20ぶん　80てん　べっさつ
　　　　　　　　14ページ

とくてん　　　てん

いろをぬろう
60　80　100

 けいさんを しましょう。

[1もん 3てん]

(1)　3 ＋ 6 ＋ 1

(2)　4 ＋ 5 － 7

(3)　7 － 6 ＋ 9

(4)　9 － 2 － 6

(5)　16 － 6 ＋ 5

(6)　8 ＋ 2 － 4

(7)　6 ＋ 4 ＋ 7

(8)　13 － 3 － 8

(9)　3 ＋ 7 － 7

(10)　9 ＋ 1 ＋ 9

(11)　15 － 5 － 5

(12)　18 － 8 ＋ 4

(13)　14 － 4 － 8

(14)　17 － 7 ＋ 6

(15)　7 ＋ 3 ＋ 8

(16)　2 ＋ 8 － 10

(17)　11 ＋ 2 ＋ 4

(18)　17 － 2 ＋ 3

(19)　13 ＋ 2 － 4

(20)　16 － 3 － 2

68

33 たしざん(2)──①

もんだい 8＋5を けいさんしましょう。

かんがえかた 5を 2と 3に わけて，
8と 2で 10
10と 3で 13
まとめると，
8＋5＝8＋2＋3
＝10＋3＝13

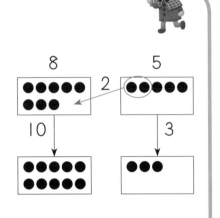

こたえ 13

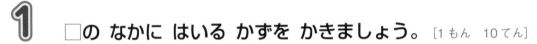

1 □の なかに はいる かずを かきましょう。 ［1もん 10てん］

(1) 9＋3

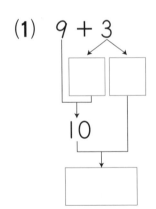

(2) 8＋7

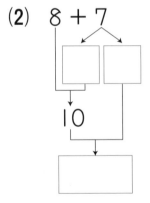

(3) 7＋6

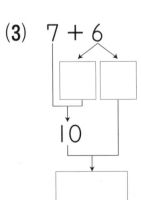

(4) 6＋5

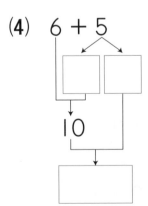

たしざんを しましょう。

[1もん　3てん]

(1)　8 + 3

(2)　6 + 6

(3)　5 + 8

(4)　9 + 7

(5)　7 + 8

(6)　5 + 9

(7)　8 + 4

(8)　9 + 6

(9)　7 + 4

(10)　8 + 8

(11)　9 + 5

(12)　6 + 8

(13)　4 + 7

(14)　7 + 7

(15)　9 + 4

(16)　8 + 9

(17)　5 + 7

(18)　4 + 8

(19)　8 + 6

(20)　9 + 9

 **34 たしざん(2)—②**

1 たしざんを しましょう。

[1もん 2てん]

(1) 7 + 4

(2) 9 + 3

(3) 8 + 5

(4) 4 + 6

(5) 3 + 9

(6) 7 + 7

(7) 6 + 5

(8) 5 + 9

(9) 9 + 4

(10) 6 + 7

(11) 4 + 8

(12) 9 + 6

(13) 7 + 3

(14) 2 + 9

(15) 8 + 8

(16) 9 + 5

(17) 6 + 4

(18) 8 + 3

(19) 7 + 6

(20) 9 + 8

たしざんを しましょう。　　　　　[1もん 3てん]

(1) 8 + 4　　　(2) 9 + 2

(3) 6 + 8　　　(4) 7 + 9

(5) 5 + 6　　　(6) 2 + 8

(7) 8 + 7　　　(8) 4 + 9

(9) 7 + 5　　　(10) 3 + 8

(11) 6 + 9　　　(12) 8 + 6

(13) 5 + 8　　　(14) 8 + 9

(15) 6 + 6　　　(16) 9 + 7

(17) 4 + 7　　　(18) 9 + 9

(19) 7 + 8　　　(20) 5 + 7

35 たしざん (2) — ③

1 たしざんを しましょう。

[1もん 2てん]

(1) 6 + 5   (2) 7 + 8

(3) 8 + 4   (4) 9 + 6

(5) 5 + 7   (6) 8 + 2

(7) 9 + 4   (8) 3 + 8

(9) 4 + 9   (10) 8 + 7

(11) 9 + 2   (12) 7 + 6

(13) 5 + 8   (14) 4 + 7

(15) 1 + 9   (16) 6 + 6

(17) 8 + 9   (18) 7 + 5

(19) 6 + 8   (20) 3 + 9

べんきょう
したひ 　　がつ　　　にち

じかん
20ぷん

ごうかくてん
80てん

こたえ
べっさつ
15ページ

とくてん
　　　てん

いろをぬろう
60　80　100

 たしざんを しましょう。　　　　　　　　　[1もん 3てん]

(1)　7 + 4

(2)　9 + 3

(3)　8 + 6

(4)　4 + 8

(5)　6 + 9

(6)　2 + 9

(7)　7 + 7

(8)　6 + 4

(9)　8 + 5

(10)　9 + 8

(11)　8 + 3

(12)　4 + 9

(13)　9 + 1

(14)　8 + 8

(15)　6 + 7

(16)　9 + 5

(17)　5 + 6

(18)　3 + 7

(19)　9 + 9

(20)　7 + 9

36 ひきざん (2) ― ①

もんだい 13−8を けいさんしましょう。

かんがえかた 13を 10と 3に わけて，
　　10から 8を ひいて 2
　　2と 3で 5
　まとめると，
　　13−8＝10−8＋3
　　　　　＝2＋3＝5

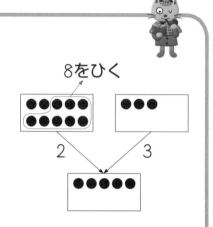

8をひく

2　　3

こたえ 5

1 □の なかに はいる かずを かきましょう。 [1もん 10てん]

(1) 12−5
10
5をひく

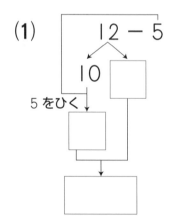

(2) 11−6
10
6をひく

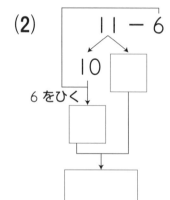

(3) 15−7
10
7をひく

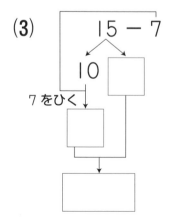

(4) 16−9
10
9をひく

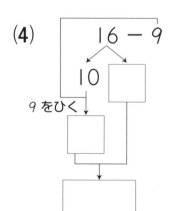

べんきょう
したひ　　がつ　　にち

じかん ごうかくてん こたえ
20ぷん 80てん べっさつ 15ページ

とくてん　　　てん

いろをぬろう
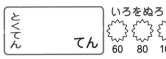
60 80 100

 ひきざんを しましょう。

[1もん 3てん]

(1)　11 − 2

(2)　13 − 6

(3)　14 − 7

(4)　16 − 8

(5)　13 − 5

(6)　12 − 8

(7)　13 − 7

(8)　17 − 8

(9)　14 − 9

(10)　12 − 6

(11)　11 − 4

(12)　12 − 3

(13)　14 − 6

(14)　15 − 9

(15)　11 − 8

(16)　13 − 9

(17)　16 − 7

(18)　14 − 8

(19)　12 − 7

(20)　17 − 9

37 ひきざん(2)─②

1 ひきざんを しましょう。

[1もん 2てん]

(1) 14 − 6　　　　(2) 16 − 7

(3) 11 − 3　　　　(4) 12 − 6

(5) 15 − 6　　　　(6) 13 − 8

(7) 17 − 9　　　　(8) 14 − 10

(9) 15 − 8　　　　(10) 12 − 4

(11) 14 − 7　　　　(12) 11 − 6

(13) 13 − 9　　　　(14) 15 − 7

(15) 18 − 8　　　　(16) 12 − 8

(17) 13 − 5　　　　(18) 11 − 2

(19) 16 − 9　　　　(20) 13 − 7

べんきょう
したひ　　がつ　　　にち

じかん
20ぷん

ごうかくてん
80てん

こたえ
べっさつ
15ページ

とくてん
　　　てん

いろをぬろう
60　80　100

ひきざんを しましょう。

[1 もん 3 てん]

(1)　11 − 5

(2)　13 − 4

(3)　12 − 7

(4)　15 − 9

(5)　11 − 8

(6)　17 − 8

(7)　13 − 6

(8)　18 − 10

(9)　12 − 9

(10)　14 − 5

(11)　11 − 7

(12)　14 − 9

(13)　16 − 8

(14)　12 − 5

(15)　11 − 9

(16)　14 − 8

(17)　12 − 3

(18)　11 − 4

(19)　17 − 7

(20)　18 − 9

38 ひきざん (2) ― ③

1 ひきざんを しましょう。

[1もん 2てん]

(1) 12 − 7　　　(2) 15 − 8

(3) 11 − 3　　　(4) 13 − 9

(5) 11 − 7　　　(6) 14 − 5

(7) 16 − 6　　　(8) 12 − 4

(9) 13 − 6　　　(10) 17 − 8

(11) 11 − 5　　　(12) 13 − 4

(13) 14 − 7　　　(14) 11 − 9

(15) 16 − 8　　　(16) 12 − 6

(17) 15 − 7　　　(18) 17 − 10

(19) 11 − 2　　　(20) 13 − 8

2　ひきざんを　しましょう。　[1もん 3てん]

(1) 12 − 5　　　(2) 15 − 9

(3) 11 − 4　　　(4) 13 − 3

(5) 14 − 8　　　(6) 11 − 6

(7) 16 − 9　　　(8) 13 − 8

(9) 18 − 9　　　(10) 11 − 8

(11) 12 − 3　　　(12) 13 − 7

(13) 15 − 6　　　(14) 16 − 10

(15) 14 − 9　　　(16) 16 − 7

(17) 13 − 5　　　(18) 17 − 9

(19) 14 − 6　　　(20) 12 − 9

39  「たしざん⑵」「ひきざん⑵」の まとめ ──①

1 けいさんを しましょう。

[1もん 2てん]

(1) 7 + 5

(2) 13 − 6

(3) 8 + 6

(4) 15 − 8

(5) 4 + 9

(6) 12 − 4

(7) 6 + 7

(8) 17 − 9

(9) 9 + 3

(10) 12 − 8

(11) 3 + 8

(12) 14 − 7

(13) 5 + 7

(14) 11 − 5

(15) 9 + 5

(16) 16 − 9

(17) 7 + 8

(18) 11 − 8

(19) 5 + 8

(20) 13 − 9

けいさんを しましょう。

[1もん 3てん]

(1)　6 + 9

(2)　13 − 5

(3)　16 − 8

(4)　8 + 4

(5)　11 − 6

(6)　3 + 9

(7)　15 − 7

(8)　7 + 7

(9)　8 + 9

(10)　9 + 6

(11)　11 − 7

(12)　14 − 6

(13)　6 + 6

(14)　13 − 8

(15)　8 + 7

(16)　12 − 7

(17)　17 − 8

(18)　9 + 7

(19)　6 + 8

(20)　18 − 9

40 「たしざん⑵」「ひきざん⑵」の まとめ ──②

1 しろい くるまが 8だい, あかい くるまが 7だい とまっています。ぜんぶで なんだい とまっているでしょう。

[15てん]

しき

こたえ

2 えんぴつを 12ほん かいました。おとうとに 4ほん あげました。のこりは なんぼんに なったでしょう。

[15てん]

しき

こたえ

3 いけに あかい こいが 9ひき, くろい こいが 5ひき います。こいは なんびき いるでしょう。

[15てん]

しき

こたえ

べんきょう
したひ　　がつ　　にち

じかん　ごうかくてん　こたえ
20ぷん　80てん　べっさつ17ページ

とくてん　　　てん

いろをぬろう
60　80　100

 おはじきを 4こ もっていました。 おかあさん に 9こ もらいました。 おはじきは ぜんぶで なんこに なったでしょう。　　　　　　［15 てん］

しき

こたえ

 りんごが 6こ, みかんが 15こ あります。 ど ちらが なんこ おおいでしょう。　　　　　　［20 てん］

しき

こたえ

 かぶとむしが 15ひき います。 そのうち おす は 8ひきです。 めすは なんびき いるでしょ う。　　　　　　　　　　　　　　　　　　　　　　　　　　［20 てん］

しき

こたえ

 **100までの かず ― ①**

もんだい 40 ＋ 30を けいさんしましょう。

かんがえかた 10が なんこ あるかを かんがえます。

40は 10が 4こ, 30は 10が 3こです。

あわせると, 10が 7こに なります。

つまり,

40 ＋ 30 ＝ 70

こたえ 70

---

1 たしざんを しましょう。

[1もん 5てん]

(1) 30 ＋ 20

(2) 50 ＋ 40

(3) 20 ＋ 60

(4) 10 ＋ 80

(5) 30 ＋ 50

(6) 40 ＋ 10

(7) 50 ＋ 20

(8) 30 ＋ 60

(9) 20 ＋ 70

(10) 90 ＋ 10

もんだい 60 − 20 を けいさんしましょう。

かんがえかた 10 が なんこ あるかを かんがえます。

60 は 10 が 6 こ，20 は 10 が 2 こです。

→とる

ひくと，10 が 4 こに なります。

つまり，

60 − 20 = 40

こたえ 40

② ひきざんを しましょう。

[1 もん 5 てん]

(1)　40 − 20

(2)　50 − 40

(3)　70 − 40

(4)　60 − 10

(5)　80 − 30

(6)　90 − 60

(7)　50 − 20

(8)　70 − 50

(9)　90 − 80

(10)　100 − 30

42 100までの かず —②

もんだい 30＋5を けいさんしましょう。

かんがえかた 30と 5を あわせた かずを さんじゅうごと
いい, 35と かきます。
これより,
　　30＋5＝35
と なります。

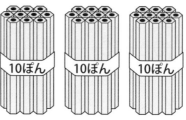

10ぽん　10ぽん　10ぽん

こたえ 35

1 たしざんを しましょう。

[1もん 5てん]

(1) 20＋4

(2) 30＋7

(3) 40＋3

(4) 60＋1

(5) 70＋9

(6) 80＋2

(7) 50＋6

(8) 90＋5

(9) 60＋8

(10) 40＋9

べんきょう
したひ　　がつ　　にち

じかん
20ぶん

ごうかくてん
80てん

こたえ
べっさつ
17ページ

とくてん
　　てん

いろをぬろう
60 80 100

もんだい 26 − 6を けいさんしましょう。

かんがえかた 26は 20と 6です。

そこから 6を とると 20
のこります。

これより，

26 − 6 = 20

となります。

こたえ 20

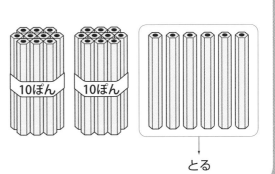

10ぽん　　10ぽん

とる

2 ひきざんを しましょう。

[1もん 5てん]

(1) 34 − 4

(2) 57 − 7

(3) 41 − 1

(4) 72 − 2

(5) 29 − 9

(6) 85 − 5

(7) 68 − 8

(8) 93 − 3

(9) 46 − 6

(10) 77 − 7

 **100 までの かず─③**

> **もんだい** 31＋3を けいさんしましょう。
>
> **かんがえかた** 31 は 30 と 1 です。
>
> 31 の 1 と 3 を たして
>
> 1＋3＝4
>
> 31 の 30 と あわ
>
> せて、こたえは
>
> 34
>
> と なります。
>
>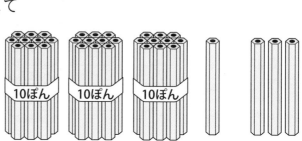
>
> **こたえ** 34

1　たしざんを しましょう。

[1もん 4てん]

(1) 41＋2

(2) 32＋3

(3) 62＋6

(4) 51＋8

(5) 23＋1

(6) 73＋5

(7) 82＋4

(8) 94＋4

(9) 27＋2

(10) 45＋4

たしざんを しましょう。　［1もん 3てん］

(1)　21＋3　　　　(2)　45＋2

(3)　63＋4　　　　(4)　81＋3

(5)　52＋2　　　　(6)　91＋6

(7)　74＋2　　　　(8)　33＋6

(9)　47＋1　　　　(10)　24＋3

(11)　52＋5　　　　(12)　82＋3

(13)　74＋5　　　　(14)　36＋1

(15)　93＋6　　　　(16)　65＋2

(17)　53＋4　　　　(18)　46＋2

(19)　78＋1　　　　(20)　83＋3

100までの かず ─ ④

もんだい 34＋5を ひっさんで けいさんしましょう。

かんがえかた みぎの ように くらいを そろえて
たてに かいて けいさんします。

こたえ 39

```
  3 4
+   5
─────
  3 9
```

 ひっさんで けいさんしましょう。

[(1)～(5) 1もん 4てん, (6)～(9) 1もん 5てん]

(1)
```
  2 3
+   5
```

(2)
```
  5 4
+   2
```

(3)
```
  8 3
+   3
```

(4)
```
  3 2
+   6
```

(5)
```
  9 6
+   1
```

(6)
```
  4 1
+   4
```

(7)
```
  7 2
+   7
```

(8)
```
  6 1
+   8
```

(9)
```
  5 5
+   2
```

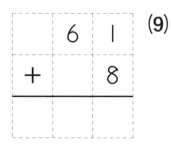

べんきょう
したひ　　がつ　　にち

じかん
20ぷん

ごうかくてん
80てん

こたえ
べっさつ
18ページ

とくてん
　　　　てん

いろをぬろう
60　80　100

2 ひっさんで けいさんしましょう。

[1 もん　4 てん]

(1)
$$\begin{array}{r} 7\ 5 \\ +\quad 3 \\ \hline \end{array}$$

(2)
$$\begin{array}{r} 3\ 6 \\ +\quad 1 \\ \hline \end{array}$$

(3)
$$\begin{array}{r} 4\ 4 \\ +\quad 4 \\ \hline \end{array}$$

(4)
$$\begin{array}{r} 5\ 6 \\ +\quad 2 \\ \hline \end{array}$$

(5)
$$\begin{array}{r} 2\ 1 \\ +\quad 7 \\ \hline \end{array}$$

(6)
$$\begin{array}{r} 6\ 2 \\ +\quad 2 \\ \hline \end{array}$$

(7)
$$\begin{array}{r} 8\ 1 \\ +\quad 3 \\ \hline \end{array}$$

(8)
$$\begin{array}{r} 9\ 2 \\ +\quad 4 \\ \hline \end{array}$$

(9)
$$\begin{array}{r} 4\ 8 \\ +\quad 1 \\ \hline \end{array}$$

(10)
$$\begin{array}{r} 7\ 2 \\ +\quad 1 \\ \hline \end{array}$$

(11)
$$\begin{array}{r} 3\ 4 \\ +\quad 3 \\ \hline \end{array}$$

(12)
$$\begin{array}{r} 8\ 2 \\ +\quad 5 \\ \hline \end{array}$$

(13)
$$\begin{array}{r} 6\ 4 \\ +\quad 1 \\ \hline \end{array}$$

(14)
$$\begin{array}{r} 5\ 2 \\ +\quad 3 \\ \hline \end{array}$$

(15)
$$\begin{array}{r} 9\ 5 \\ +\quad 4 \\ \hline \end{array}$$

45 100までの かず──⑤

もんだい 25−4を けいさんしましょう。

かんがえかた 25は 20と 5です。

25の 5から 4を ひいて

5−4＝1

25の 20と あわせて,

こたえは

21

と なります。

  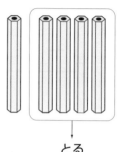

とる

こたえ 21

1 ひきざんを しましょう。

[1もん 4てん]

(1) 36 − 2

(2) 47 − 4

(3) 69 − 8

(4) 24 − 1

(5) 57 − 3

(6) 88 − 5

(7) 76 − 4

(8) 99 − 7

(9) 45 − 2

(10) 69 − 6

べんきょう したひ	がつ　　　にち	じかん 20ぷん	ごうかくてん 80てん	こたえ べっさつ 18ページ	とくてん　　てん	いろをぬろう 60 80 100

 ひきざんを しましょう。

[1 もん 3 てん]

(1) 23 － 2

(2) 87 － 5

(3) 98 － 3

(4) 44 － 2

(5) 62 － 1

(6) 75 － 3

(7) 37 － 2

(8) 59 － 4

(9) 46 － 3

(10) 98 － 4

(11) 69 － 2

(12) 76 － 1

(13) 38 － 3

(14) 55 － 4

(15) 28 － 6

(16) 89 － 1

(17) 54 － 3

(18) 49 － 3

(19) 28 － 1

(20) 96 － 5

94

100までの かず ─ ⑥

もんだい 39－2を ひっさんで けいさんしましょう。

かんがえかた みぎの ように くらいを そろえて
たてに かいて けいさんします。

こたえ 37

```
   3 9
 −   2
─────
   3 7
```

 ひっさんで けいさんしましょう。

[(1)～(5) 1もん 4てん, (6)～(9) 1もん 5てん]

(1)
```
   5 3
 −   2
─────
```

(2)
```
   2 5
 −   1
─────
```

(3)
```
   9 7
 −   5
─────
```

(4)
```
   3 9
 −   8
─────
```

(5)
```
   8 6
 −   3
─────
```

(6)
```
   4 2
 −   1
─────
```

(7)
```
   7 9
 −   6
─────
```

(8)
```
   5 6
 −   4
─────
```

(9)
```
   6 9
 −   2
─────
```

ひっさんで けいさんしましょう。

[1 もん 4 てん]

(1)
```
    6 7
 -    4
 ─────
```

(2)
```
    7 6
 -    2
 ─────
```

(3)
```
    2 9
 -    3
 ─────
```

(4)
```
    5 8
 -    5
 ─────
```

(5)
```
    8 5
 -    2
 ─────
```

(6)
```
    3 4
 -    3
 ─────
```

(7)
```
    4 3
 -    1
 ─────
```

(8)
```
    9 5
 -    4
 ─────
```

(9)
```
    4 9
 -    5
 ─────
```

(10)
```
    3 5
 -    3
 ─────
```

(11)
```
    8 9
 -    1
 ─────
```

(12)
```
    5 9
 -    3
 ─────
```

(13)
```
    2 9
 -    7
 ─────
```

(14)
```
    7 4
 -    2
 ─────
```

(15)
```
    6 8
 -    3
 ─────
```

「100までの かず」の まとめ—①

 けいさんを しましょう。

[1もん 2てん]

(1) 21 ＋ 3

(2) 59 － 2

(3) 78 － 6

(4) 43 ＋ 2

(5) 32 ＋ 5

(6) 91 ＋ 2

(7) 88 － 2

(8) 68 － 3

(9) 39 － 1

(10) 72 ＋ 6

(11) 89 － 6

(12) 23 ＋ 5

(13) 49 － 7

(14) 96 － 2

(15) 51 ＋ 4

(16) 63 ＋ 3

(17) 32 ＋ 2

(18) 58 － 7

(19) 73 ＋ 6

(20) 99 － 3

けいさんを しましょう。　　　［1もん 3てん］

(1) 25 − 4　　　　　(2) 31 + 7

(3) 79 − 5　　　　　(4) 41 + 8

(5) 86 − 4　　　　　(6) 69 − 1

(7) 52 + 7　　　　　(8) 93 + 4

(9) 44 + 5　　　　　(10) 27 − 3

(11) 62 + 3　　　　　(12) 97 − 2

(13) 71 + 5　　　　　(14) 37 − 6

(15) 56 − 3　　　　　(16) 82 + 4

(17) 29 − 8　　　　　(18) 64 + 4

(19) 48 + 1　　　　　(20) 87 − 5

「100までの かず」の まとめ—②

おはじきが 50こ あります。おかあさんに 20こ もらうと ぜんぶで なんこに なりますか。 [15てん]

しき

こたえ

いろがみが 60まい ありました。そのうち 40まい つかいました。のこりは なんまいに なったでしょう。 [15 てん]

しき

こたえ

カードが 72まい ありました。おにいさんから 6まい もらいました。カードは なんまいに なりましたか。 [15 てん]

しき

こたえ

べんきょう
したひ　　がつ　　にち

じかん　ごうかくてん　こたえ
20ぷん　80てん　べっさつ
　　　　　　　19ページ

とくてん　　　　てん

いろをぬろう
60　80　100

4 メロンが 5こ，りんごが 28こ あります。ど
ちらが なんこ おおいでしょう。　　　[15 てん]

しき

こたえ

5 おとうさんは 35さいです。おとうさんは お
かあさんより 3さい としうえです。おかあさ
んは なんさいでしょう。　　　　　[20 てん]

しき

こたえ

6 びじゅつかんに はいるために ならんで いま
す。みつきさんの まえには 24にん，うしろ
には 3にん います。みんなで なんにん なら
んで いるでしょう。　　　　　[20 てん]

しき

こたえ

49 1ねんの まとめ──①

 たしざんを しましょう。

[1もん 2てん]

(1) 3 + 4

(2) 6 + 3

(3) 8 + 2

(4) 5 + 7

(5) 2 + 3

(6) 4 + 9

(7) 7 + 6

(8) 16 + 2

(9) 4 + 1

(10) 5 + 5

(11) 8 + 0

(12) 10 + 7

(13) 1 + 8

(14) 13 + 5

(15) 6 + 7

(16) 9 + 5

(17) 7 + 8

(18) 3 + 10

(19) 8 + 4

(20) 9 + 8

たしざんを しましょう。

[1もん 3てん]

(1) 4 + 3   (2) 6 + 5

(3) 2 + 7   (4) 8 + 9

(5) 0 + 6   (6) 14 + 4

(7) 5 + 2   (8) 7 + 5

(9) 9 + 4   (10) 3 + 6

(11) 2 + 9   (12) 8 + 7

(13) 6 + 2   (14) 5 + 9

(15) 8 + 8   (16) 13 + 6

(17) 2 + 5   (18) 7 + 4

(19) 4 + 8   (20) 9 + 7

50  1ねんの まとめ ― ②

1 ひきざんを しましょう。

[1もん 2てん]

(1) 4 − 2

(2) 8 − 3

(3) 9 − 4

(4) 15 − 1

(5) 12 − 7

(6) 16 − 8

(7) 6 − 4

(8) 8 − 7

(9) 10 − 3

(10) 11 − 6

(11) 13 − 2

(12) 15 − 7

(13) 19 − 4

(14) 7 − 2

(15) 9 − 6

(16) 11 − 5

(17) 13 − 8

(18) 15 − 6

(19) 5 − 3

(20) 14 − 7

2 ひきざんを しましょう。

[1もん 3てん]

(1) 6 − 3　　(2) 8 − 6

(3) 10 − 8　　(4) 12 − 4

(5) 17 − 4　　(6) 16 − 9

(7) 18 − 3　　(8) 9 − 2

(9) 13 − 5　　(10) 14 − 2

(11) 15 − 8　　(12) 17 − 7

(13) 14 − 8　　(14) 9 − 5

(15) 10 − 9　　(16) 15 − 4

(17) 13 − 6　　(18) 11 − 8

(19) 14 − 5　　(20) 17 − 9

 **51** **1ねんの まとめ──③**

 1 けいさんを しましょう。

[1もん 2てん]

(1)　3 + 6

(2)　8 - 7

(3)　5 + 9

(4)　12 - 8

(5)　11 + 5

(6)　15 - 3

(7)　13 - 9

(8)　8 + 7

(9)　10 + 4

(10)　6 + 6

(11)　10 - 8

(12)　11 - 5

(13)　14 - 6

(14)　16 + 3

(15)　5 + 8

(16)　12 - 3

(17)　4 + 7

(18)　13 - 5

(19)　8 + 9

(20)　15 - 9

べんきょう
したひ　　　がつ　　　にち

じかん　ごうかくてん　こたえ

20ぷん　80てん　べっさつ
21 ページ

とくてん　　　　てん

いろをぬろう

60　80　100

 けいさんを しましょう。　　　　　　　　　　[1 もん　3 てん]

(1)　11 − 4　　　　　　　(2)　7 ＋ 5

(3)　14 − 8　　　　　　　(4)　6 ＋ 4

(5)　9 ＋ 7　　　　　　　(6)　17 − 7

(7)　12 − 9　　　　　　　(8)　8 ＋ 10

(9)　8 − 4　　　　　　　(10)　13 − 7

(11)　12 ＋ 6　　　　　　　(12)　7 ＋ 9

(13)　23 14　　　　　　　(14)　49 − 3

(15)　75 ＋ 3　　　　　　　(16)　88 − 6

(17)　56 − 1　　　　　　　(18)　33 ＋ 6

(19)　92 ＋ 7　　　　　　　(20)　69 − 4

 **52** **1ねんの まとめ―④**

 りんごが 9こ, なしが 6こ あります。あわせ
て なんこ あるでしょう。

[15てん]

しき

こたえ

 いろがみで かぶとを 14こ おります。いま,
8こ おりました。あと なんこ おれば よいで
しょう。

[15てん]

しき

こたえ

 みなとに よっとが 7そう あります。そこへ
6そう もどってきました。ぜんぶで なんそう
に なりましたか。

[15てん]

しき

こたえ

べんきょう
したひ　　がつ　　にち

じかん ⑳ぷん
ごうかくてん ⑳てん
こたえ べっさつ 21 ページ

とくてん　　　てん

いろをぬろう
☆ ☆ ☆
60 80 100

えはがきを 36 まい かいました。そのうち，4 まい
つかいました。のこりは なんまいでしょう。 [15 てん]

しき _____

こたえ _____

みひろさんは おはじきを 7 こ もっています。
みゆうさんは みひろさんより 5 こ おおく も
っています。みゆうさんは おはじきを なんこ
もっているでしょう。 [20 てん]

しき _____

こたえ _____

みひろさんは おはじきを 9 こ もっています。
みひろさんは みつきさんより 2 こ おおく も
っています。みつきさんは おはじきを なんこ
もっているでしょう。 [20 てん]

しき _____

こたえ _____

1ねんの まとめ―⑤

たかしくんは まえから 6ばんめに います。たかしくんの うしろには 8にん ならんでいます。みんなで なんにん ならんでいるでしょう。

[15てん]

しき

こたえ

おさむくんの まえには 9にん ならんでいます。おさむくんの うしろには 7にん ならんでいます。みんなで なんにん ならんでいるでしょう。

[15てん]

しき

こたえ

15にんの ひとが ひとりずつ じゅんに はしります。8ばんめの ひとまで はしりました。まだ はしっていない ひとは なんにんでしょう。

[15てん]

しき

こたえ

べんきょう
したひ　　がつ　　　にち

じかん
20ぷん

ごうかくてん
80てん

こたえ
べっさつ
22ページ

とくてん
　　　　てん

いろをぬろう
60　80　100

 きっぷうりばで 13にん ならんでいます。だいちく
んは まえから 5ばんめです。だいちくんの うしろ
には なんにん ならんでいるでしょう。　　　　[15てん]

しき

こたえ

 きっぷうりばで 12にん ならんでいます。あ
きこさんの まえには 6にん ならんでいます。
あきこさんの うしろには なんにん ならんで
いるでしょう。　　　　[20てん]

しき

こたえ

 ちえこさんは まえから 7ばんめ，よしこさん
は まえから 14ばんめに ならんでいます。ち
えこさんと よしこさんの あいだには なんに
ん いるでしょう。　　　　[20てん]

しき

こたえ

 **54** **1ねんの まとめ ― ⑥**

 みかんが 11こ あります。こども ひとりに 1
こずつ みかんを くばると 2こ あまりまし
た。こどもは なんにん いたでしょう。 [15てん]

しき

こたえ

 こどもが 25にん います。ひとりに 1ぽんず
つ えんぴつを くばると 4ほん のこります。
えんぴつは なんぼん あるでしょう。 [15てん]

しき

こたえ

 ジュースが 6ぽん ありました。15にんの こ
どもに 1ぽんずつ くばるには なんぼん たり
ないでしょう。 [15てん]

しき

こたえ

べんきょう
したひ　　　がつ　　　にち

じかん　ごうかくてん　こたえ
20ぶん　　80てん　べっさつ
　　　　　　　　　22ページ

とくてん　　　　てん

いろをぬろう
60　80　100

 たまいれを 3かい しました。1かいめは 4こ,
2かいめは 6こ, 3かいめは 8こ はいりまし
た。3かい あわせて なんこ はいったでしょ
う。　　　　　　　　　　　　　　　　　　[15てん]

　　しき

　　こたえ

 あめが 16こ ありました。いもうとに 6こ あ
げて, 2こ たべました。あめは なんこ のこ
っているでしょう。　　　　　　　　　　　[20てん]

　　しき

　　こたえ

⑥ おとこのこが 7にん, おんなのこが 9にんい
ました。えんぴつを ひとりに 1ぽんずつ くば
ると, 8ほん たりませんでした。えんぴつは
なんぼん あったでしょう。　　　　　　　[20てん]

　　しき

　　こたえ

□ 編集協力　佐藤さとみ　田中直子
□ デザイン　アトリエ ウインクル

シグマベスト
トコトン算数
小学1年の計算ドリル

著　者　山腰政喜
発行者　益井英郎
印刷所　株式会社天理時報社
発行所　株式会社文英堂

〒601-8121　京都市南区上鳥羽大物町28
〒162-0832　東京都新宿区岩戸町17
（代表）03-3269-4231

●落丁・乱丁はおとりかえします。

がくしゅうの きろく

ないよう	べんきょうしたひ	とくてん	とくてんグラフ
			0　20　40　60　80　100
かきかた	4がつ16にち	83てん	▓▓▓▓▓▓▓▓▓▓
❶ 5までの　かず	がつ　にち	てん	
❷ 10までの　かず	がつ　にち	てん	
❸ いくつと　いくつ ー ①	がつ　にち	てん	
❹ いくつと　いくつ ー ②	がつ　にち	てん	
❺ いくつと　いくつ ー ③	がつ　にち	てん	
❻ いくつと　いくつ ー ④	がつ　にち	てん	
❼ いくつと　いくつ ー ⑤	がつ　にち	てん	
❽ いくつと　いくつ ー ⑥	がつ　にち	てん	
❾ 「いくつと　いくつ」の　まとめ ー ①	がつ　にち	てん	
❿ 「いくつと　いくつ」の　まとめ ー ②	がつ　にち	てん	
⓫ たしざん（1）ー ①	がつ　にち	てん	
⓬ たしざん（1）ー ②	がつ　にち	てん	
⓭ たしざん（1）ー ③	がつ　にち	てん	
⓮ たしざん（1）ー ④	がつ　にち	てん	
⓯ ひきざん（1）ー ①	がつ　にち	てん	
⓰ ひきざん（1）ー ②	がつ　にち	てん	
⓱ ひきざん（1）ー ③	がつ　にち	てん	
⓲ ひきざん（1）ー ④	がつ　にち	てん	
⓳ 「たしざん(1)」「ひきざん(1)」の　まとめ ー ①	がつ　にち	てん	
⓴ 「たしざん(1)」「ひきざん(1)」の　まとめ ー ②	がつ　にち	てん	
㉑ 20までの　かず ー ①	がつ　にち	てん	
㉒ 20までの　かず ー ②	がつ　にち	てん	
㉓ 20までの　かず ー ③	がつ　にち	てん	
㉔ 20までの　かず ー ④	がつ　にち	てん	
㉕ 20までの　かず ー ⑤	がつ　にち	てん	
㉖ 20までの　かず ー ⑥	がつ　にち	てん	
㉗ 20までの　かず ー ⑦	がつ　にち	てん	

シグマベスト
Σ BEST

トコトンさんすう

小学1年の けいさんドリル

こたえ

● 「こたえ」は見やすいように，わくでかこみました。

指導される方へ ▶ 1年の学習のねらいや内容を理解してもらうように，**指導上の注意** の欄を設けました。

文英堂

① 5までの かず

① 1 2 3 4 5

② 5 4 3 2 1

② 10までの かず

① 6 7 8 9 10

② 10 9 8 7 6

③ いくつと いくつ ― ①

①
(1) 1	(2) 3	(3) 2	(4) 1
(5) 4	(6) 2	(7) 1	(8) 3
(9) 1			

②
(1) 1	(2) 2	(3) 3	(4) 1
(5) 1	(6) 2	(7) 2	(8) 4
(9) 3	(10) 4	(11) 5	(12) 4
(13) 2	(14) 3	(15) 2	(16) 1

④ いくつと いくつ ― ②

①
(1) 5	(2) 4	(3) 3	(4) 4
(5) 2	(6) 1	(7) 2	(8) 5
(9) 3			

②
(1) 4	(2) 1	(3) 3	(4) 2
(5) 5	(6) 2	(7) 3	(8) 4
(9) 4	(10) 3	(11) 1	(12) 2
(13) 3	(14) 5	(15) 4	(16) 1

指導上の注意

▶数字を書くときには，枠からはみ出さないように，おちついて，ていねいに書くように，ご指導ください。また，書き順にも注意して見てあげてください。
声を出しながら書くと記憶に残りやすくなります。

▶2，3，4，5が，それぞれ，いくつといくつにわかれるかを学習します。
1(1)の図のように，鉛筆で仕切りを書くと，わかりやすくなります。

▶6がいくつといくつにわかれるかを学習します。
1(1)の図のように，鉛筆で仕切りを書くと，わかりやすくなります。

⑤ いくつと いくつ—③

1
(1) 6　　(2) 4　　(3) 2　　(4) 1
(5) 3　　(6) 5　　(7) 3　　(8) 6
(9) 2

2
(1) 5　　(2) 1　　(3) 3　　(4) 2
(5) 4　　(6) 6　　(7) 5　　(8) 3
(9) 1　　(10) 6　　(11) 4　　(12) 2
(13) 3　　(14) 5　　(15) 4　　(16) 2

▶7 がいくつといくつにわかれるか
を学習します。
数が大きくなるにつれ，わかりにく
くなりますから，●に仕切りを入れ
るのが効果的です。

⑥ いくつと いくつ—④

1
(1) 6　　(2) 4　　(3) 2　　(4) 3
(5) 5　　(6) 7　　(7) 1　　(8) 6
(9) 2

2
(1) 7　　(2) 3　　(3) 5　　(4) 1
(5) 4　　(6) 2　　(7) 6　　(8) 3
(9) 5　　(10) 7　　(11) 4　　(12) 2
(13) 1　　(14) 6　　(15) 5　　(16) 4

▶8 がいくつといくつにわかれるか
を学習します。
数が大きくなるにつれ，わかりにく
くなりますから，●に仕切りを入れ
るのが効果的です。

⑦ いくつと いくつ—⑤

1
(1) 6　　(2) 4　　(3) 1　　(4) 7
(5) 2　　(6) 5　　(7) 8　　(8) 3
(9) 4

2
(1) 7　　(2) 3　　(3) 1　　(4) 5
(5) 6　　(6) 2　　(7) 4　　(8) 8
(9) 6　　(10) 1　　(11) 7　　(12) 4
(13) 8　　(14) 3　　(15) 5　　(16) 2

▶9 がいくつといくつにわかれるか
を学習します。
数が大きくなるにつれ，わかりにく
くなりますから，●に仕切りを入れ
るのが効果的です。

指導上の注意

⑧ いくつと いくつ —⑥

①
(1) 3	(2) 6	(3) 9	(4) 8
(5) 5	(6) 2	(7) 1	(8) 4
(9) 7			

②
(1) 8	(2) 5	(3) 3	(4) 9
(5) 6	(6) 7	(7) 1	(8) 2
(9) 4	(10) 3	(11) 5	(12) 8
(13) 9	(14) 6	(15) 2	(16) 7

⑨ 「いくつと いくつ」の まとめ —①

①
(1) 1	(2) 2	(3) 3	(4) 3
(5) 5	(6) 6	(7) 5	(8) 4
(9) 2	(10) 1	(11) 4	(12) 2
(13) 6	(14) 1	(15) 1	(16) 3
(17) 7	(18) 3		

②
(1) 5	(2) 1	(3) 2	(4) 2
(5) 6	(6) 3	(7) 5	(8) 4
(9) 2	(10) 4	(11) 1	(12) 6
(13) 4	(14) 1	(15) 1	(16) 5
(17) 2	(18) 8		

⑩ 「いくつと いくつ」の まとめ —②

①
(1) 1	(2) 1	(3) 2	(4) 1
(5) 3	(6) 6	(7) 1	(8) 4
(9) 4	(10) 1	(11) 2	(12) 2
(13) 1	(14) 7	(15) 4	(16) 3
(17) 4	(18) 2		

②
(1) 2	(2) 2	(3) 3	(4) 2
(5) 1	(6) 3	(7) 6	(8) 5
(9) 5	(10) 6	(11) 1	(12) 3
(13) 5	(14) 5	(15) 4	(16) 1
(17) 7	(18) 6		

指導上の注意

▶10がいくつといくつにわかれるかを学習します。
数が大きくなるにつれ，わかりにくくなりますから，●に仕切りを入れるのが効果的です。

▶2から10までの数について，いくつといくつにわかれるかを復習します。
これは，後で学習する，くり上がりのあるたし算や，くり下がりのあるひき算に必要な，重要な内容ですので，しっかり復習できるように，4ページ分の問題を用意してあります。

⓫ たしざん(1)─①

1
(1) 2	(2) 3	(3) 5	(4) 6
(5) 4	(6) 7	(7) 7	(8) 3
(9) 6	(10) 6		

2
(1) 4	(2) 4	(3) 5	(4) 8
(5) 7	(6) 8	(7) 6	(8) 7
(9) 5	(10) 8	(11) 9	(12) 4
(13) 6	(14) 6	(15) 6	(16) 6
(17) 10	(18) 7	(19) 7	(20) 9

⓬ たしざん(1)─②

1
(1) 4	(2) 5	(3) 2	(4) 4
(5) 2	(6) 5	(7) 8	(8) 2
(9) 6	(10) 4	(11) 5	(12) 7

2
(1) 1	(2) 5	(3) 3	(4) 7
(5) 6	(6) 1	(7) 7	(8) 8
(9) 5	(10) 6	(11) 4	(12) 7
(13) 8	(14) 5	(15) 3	(16) 9
(17) 6	(18) 9	(19) 0	(20) 10

⓭ たしざん(1)─③

1
(1) 7	(2) 8	(3) 9	(4) 8
(5) 7	(6) 9	(7) 6	(8) 9
(9) 10	(10) 8	(11) 6	(12) 9
(13) 9	(14) 9	(15) 10	(16) 9
(17) 7	(18) 7	(19) 9	(20) 10

2
(1) 7	(2) 8	(3) 8	(4) 8
(5) 8	(6) 9	(7) 7	(8) 10
(9) 6	(10) 10	(11) 6	(12) 9
(13) 10	(14) 6	(15) 8	(16) 6
(17) 7	(18) 10	(19) 7	(20) 10

指導上の注意

▶たし算では，数と●の個数を対応させ，答えを求めさせます。
ここでは，指を使って計算できるように，たされる数とたす数を，5までの数にしてありますので，わかりにくい場合は，左手でたされる数，右手でたす数の数だけ指を立て，その合計をかぞえさせるのもよいでしょう。

▶0のたし算です。手を使って計算する場合は，0は指を立てない，つまり，「じゃんけんのグー」とします。
5までの数でのたし算に習熟することが，1けたの数の計算への大きなステップになります。

▶答えが10までのたし算です。おちついて，ていねいに計算させてください。

⓮ たしざん(1)─④

1
(1) 7	(2) 9	(3) 3	(4) 8
(5) 9	(6) 6	(7) 8	(8) 10
(9) 9	(10) 8	(11) 5	(12) 8
(13) 10	(14) 4	(15) 4	(16) 6
(17) 9	(18) 7	(19) 8	(20) 6

2
(1) 6	(2) 5	(3) 8	(4) 6
(5) 10	(6) 6	(7) 8	(8) 10
(9) 7	(10) 10	(11) 6	(12) 9
(13) 9	(14) 10	(15) 8	(16) 7
(17) 9	(18) 10	(19) 10	(20) 10

▶答えが10までのたし算です。理解できたかどうか，もう一度確認してみましょう。

⓯ ひきざん(1)─①

1
(1) 1	(2) 3	(3) 1	(4) 3
(5) 2	(6) 2	(7) 4	(8) 3
(9) 1	(10) 5	(11) 1	(12) 2

2
(1) 2	(2) 3	(3) 5	(4) 7
(5) 4	(6) 7	(7) 5	(8) 7
(9) 4	(10) 6	(11) 6	(12) 3
(13) 5	(14) 8	(15) 4	(16) 8
(17) 2	(18) 6	(19) 4	(20) 6

▶ひき算では，ひかれる数だけ●を書き，ひく数だけ●をかくして，残りの数を答えます。

⓰ ひきざん(1)─②

1
(1) 4	(2) 3	(3) 2	(4) 1
(5) 0	(6) 1	(7) 0	(8) 1
(9) 7	(10) 0	(11) 8	(12) 10

2
(1) 0	(2) 2	(3) 5	(4) 3
(5) 6	(6) 3	(7) 0	(8) 6
(9) 2	(10) 3	(11) 4	(12) 4
(13) 4	(14) 1	(15) 6	(16) 0
(17) 4	(18) 6	(19) 2	(20) 7

▶0のひき算です。ここでは，0をひいたとき答えはひかれる数と等しいことと，同じ数のひき算の場合は答えは0になることをご指導ください。

17 ひきざん(1)—③

1
(1) 2	(2) 1	(3) 4	(4) 4
(5) 3	(6) 4	(7) 1	(8) 6
(9) 6	(10) 5	(11) 8	(12) 0
(13) 1	(14) 1	(15) 5	(16) 0
(17) 4	(18) 5	(19) 0	(20) 9

2
(1) 0	(2) 3	(3) 2	(4) 1
(5) 5	(6) 1	(7) 7	(8) 5
(9) 5	(10) 0	(11) 6	(12) 1
(13) 3	(14) 4	(15) 0	(16) 3
(17) 9	(18) 2	(19) 0	(20) 3

18 ひきざん(1)—④

1
(1) 2	(2) 4	(3) 7	(4) 2
(5) 4	(6) 7	(7) 0	(8) 1
(9) 4	(10) 1	(11) 7	(12) 2
(13) 3	(14) 0	(15) 8	(16) 5
(17) 0	(18) 3	(19) 5	(20) 3

2
(1) 1	(2) 3	(3) 2	(4) 1
(5) 0	(6) 2	(7) 3	(8) 5
(9) 5	(10) 4	(11) 2	(12) 4
(13) 1	(14) 0	(15) 6	(16) 5
(17) 0	(18) 5	(19) 1	(20) 0

指導上の注意

▶10までの数から1けたの数をひくひき算です。
おちついて，ていねいに計算させてください。

▶10までの数から1けたの数をひくひき算です。
理解できたかどうか，もう一度確認してみましょう。

⑲ 「たしざん(1)」「ひきざん(1)」 の まとめ ─①

1
(1) 7	(2) 5	(3) 9	(4) 6
(5) 8	(6) 5	(7) 10	(8) 2
(9) 9	(10) 0	(11) 7	(12) 6
(13) 8	(14) 1	(15) 9	(16) 4
(17) 10	(18) 3	(19) 10	(20) 2

2
(1) 5	(2) 2	(3) 2	(4) 9
(5) 7	(6) 10	(7) 4	(8) 5
(9) 8	(10) 9	(11) 8	(12) 0
(13) 8	(14) 1	(15) 9	(16) 2
(17) 3	(18) 9	(19) 8	(20) 7

⑳ 「たしざん(1)」「ひきざん(1)」 の まとめ ─②

1 しき 5+3=8　こたえ 8ほん

2 しき 9−4=5　こたえ 5こ

3 しき 7+2=9　こたえ 9だい

4 しき 7−5=2
こたえ みかんが 2こ おおい

5 しき 8−3=5　こたえ 5にん

6 しき 6+2=8　こたえ 8にん

指導上の注意

▶たし算とひき算のまとめです。式をよく見て，間違えないように注意させてください。

▶たし算，ひき算の文章題です。問題をよく読んで，しっかり考えるよう，ご指導ください。
「あわせていくつ」が1，「ふえるといくつ」が3と6で，たし算になります。
「のこりはいくつ」が2と5，「ちがいはいくつ」が4で，ひき算になります。

㉑ 20までの かず──①

1
(1) 12	(2) 15	(3) 11	(4) 17
(5) 14	(6) 13	(7) 10	(8) 18
(9) 19	(10) 20		

2
(1) 11	(2) 15	(3) 12	(4) 17
(5) 10	(6) 18	(7) 13	(8) 16
(9) 19	(10) 20		

㉒ 20までの かず──②

1
(1) 18	(2) 18	(3) 18	(4) 15
(5) 16	(6) 18	(7) 17	(8) 19
(9) 18	(10) 19		

2
(1) 12	(2) 18	(3) 18	(4) 19
(5) 16	(6) 15	(7) 18	(8) 16
(9) 17	(10) 20	(11) 15	(12) 17
(13) 19	(14) 17	(15) 18	(16) 16
(17) 16	(18) 17	(19) 19	(20) 20

㉓ 20までの かず──③

1
(1) 14	(2) 17	(3) 15	(4) 17
(5) 18	(6) 17	(7) 18	(8) 15
(9) 19	(10) 20		

2
(1) 19	(2) 18	(3) 15	(4) 16
(5) 19	(6) 17	(7) 17	(8) 19
(9) 20	(10) 15	(11) 18	(12) 19
(13) 14	(14) 17	(15) 15	(16) 16
(17) 20	(18) 16	(19) 20	(20) 20

指導上の注意

▶2の問題では,「4と10」をあわせることは,「10と4」をあわせることと同じであることと,1けたのたし算と同様に式で表すと,
4＋10＝14となることを説明しています。

▶ここでは,10はそのままで,一の位を計算することをご指導ください。

▶1けたの数と10以上の数とのたし算です。
10はそのままで,一の位を計算することをご指導ください。

㉔ 20までの かず—④

1
(1) 16　(2) 15　(3) 18　(4) 18
(5) 17　(6) 17　(7) 19　(8) 17
(9) 19

2
(1) 15　(2) 19　(3) 18　(4) 19
(5) 17　(6) 17　(7) 16　(8) 16
(9) 18　(10) 19　(11) 15　(12) 18
(13) 16　(14) 19　(15) 19

指導上の注意

▶2けたの数のたし算では，筆算が
わかりやすいです。
位をそろえてたてに書くと計算しや
すいということに気づかせてくださ
い。

㉕ 20までの かず—⑤

1
(1) 10　(2) 10　(3) 10　(4) 10
(5) 10　(6) 10　(7) 10　(8) 10
(9) 10　(10) 10

2
(1) 1　(2) 0　(3) 7　(4) 2
(5) 6　(6) 8　(7) 5　(8) 9
(9) 4　(10) 10

▶**1**では，10と「いくつ」に分け，
「いくつ」の方をとりますから，答
えは10になります。
2では，10と「いくつ」に分け，
10をとりますから，答えは「いく
つ」の方になります。

㉖ 20までの かず—⑥

1
(1) 11　(2) 15　(3) 13　(4) 12
(5) 12　(6) 12　(7) 13　(8) 14
(9) 12　(10) 16

2
(1) 10　(2) 16　(3) 11　(4) 17
(5) 10　(6) 13　(7) 18　(8) 15
(9) 14　(10) 11　(11) 10　(12) 12
(13) 14　(14) 13　(15) 10　(16) 16
(17) 12　(18) 11　(19) 10　(20) 13

▶一の位に着目すると，くり下がり
なしで，ひき算ができます。
このような場合は，10はそのまま
で，一の位を計算することを，ご指
導ください。

㉗ 20までの かず——⑦

1
(1) 11	(2) 12	(3) 11	(4) 16
(5) 11	(6) 10	(7) 14	(8) 11
(9) 12			

2
(1) 12	(2) 13	(3) 14	(4) 14
(5) 16	(6) 14	(7) 10	(8) 16
(9) 12	(10) 11	(11) 14	(12) 12
(13) 15	(14) 10	(15) 11	

㉘ 「20までの かず」の まとめ——①

1
(1) 19	(2) 13	(3) 11	(4) 16
(5) 19	(6) 18	(7) 13	(8) 10
(9) 12	(10) 17	(11) 13	(12) 17
(13) 15	(14) 15	(15) 16	(16) 19
(17) 17	(18) 13	(19) 19	(20) 11

2
(1) 10	(2) 17	(3) 14	(4) 19
(5) 11	(6) 12	(7) 19	(8) 18
(9) 16	(10) 15	(11) 19	(12) 16
(13) 19	(14) 17	(15) 10	(16) 12
(17) 11	(18) 18	(19) 19	(20) 12

㉙ 「20までの かず」の まとめ——②

1 しき 10＋5＝15　　こたえ　15こ

2 しき 17－6＝11　　こたえ　11ぽん

3 しき 16－4＝12　　こたえ　12にん

4 しき 11＋7＝18　　こたえ　18ひき

5 しき 15－5＝10　　こたえ　10ぽん

6 しき 14＋5＝19　　こたえ　19ひき

指導上の注意

▶たし算と同様に，ひき算でも筆算がわかりやすいことを気づかせてください。

▶式をよく見て，たし算とひき算を間違えないように注意することを，ご指導ください。

▶「あわせていくつ」が6，「ふえるといくつ」が1と4で，たし算になります。
「のこりはいくつ」が2と3，「ちがいはいくつ」は5で，ひき算になります。

㉚ 3つの かずの けいさん ── ①

1
(1) 6　(2) 9　(3) 5　(4) 3
(5) 8　(6) 5　(7) 3　(8) 5
(9) 6　(10) 4

2
(1) 8　(2) 7　(3) 8　(4) 9
(5) 10　(6) 5　(7) 4　(8) 6
(9) 3　(10) 0　(11) 8　(12) 8
(13) 8　(14) 5　(15) 10　(16) 2
(17) 2　(18) 0　(19) 3　(20) 1

㉛ 3つの かずの けいさん ── ②

1
(1) 13　(2) 12　(3) 18　(4) 11
(5) 17　(6) 6　(7) 3　(8) 5
(9) 8　(10) 7　(11) 12　(12) 15
(13) 13　(14) 14　(15) 11　(16) 2
(17) 7　(18) 6　(19) 1　(20) 5

2
(1) 11　(2) 5　(3) 6　(4) 17
(5) 18　(6) 16　(7) 4　(8) 1
(9) 13　(10) 3　(11) 15　(12) 8
(13) 3　(14) 13　(15) 5　(16) 6
(17) 16　(18) 19　(19) 17　(20) 4

指導上の注意

▶3つの数の計算では，前から順に計算することと，めんどうでも途中計算を書くことをご指導ください。ここでは，答えが10以下になるようにしてあります。

▶ここでは，前の2つを計算すると10になるようにしてあります。このことが，くり上がりのあるたし算とくり下がりのあるひき算につながっていきます。

㉜ 「3つの かずの けいさん」の まとめ

1
(1) 9	(2) 10	(3) 14	(4) 15
(5) 17	(6) 2	(7) 0	(8) 9
(9) 1	(10) 7	(11) 5	(12) 9
(13) 14	(14) 12	(15) 17	(16) 2
(17) 0	(18) 6	(19) 7	(20) 1

2
(1) 10	(2) 2	(3) 10	(4) 1
(5) 15	(6) 6	(7) 17	(8) 2
(9) 3	(10) 19	(11) 5	(12) 14
(13) 2	(14) 16	(15) 18	(16) 0
(17) 17	(18) 18	(19) 11	(20) 11

㉝ たしざん(2)—①

1
(1) 1, 2, 12	(2) 2, 5, 15
(3) 3, 3, 13	(4) 4, 1, 11

2
(1) 11	(2) 12	(3) 13	(4) 16
(5) 15	(6) 14	(7) 12	(8) 15
(9) 11	(10) 16	(11) 14	(12) 14
(13) 11	(14) 14	(15) 13	(16) 17
(17) 12	(18) 12	(19) 14	(20) 18

㉞ たしざん(2)—②

1
(1) 11	(2) 12	(3) 13	(4) 10
(5) 12	(6) 14	(7) 11	(8) 14
(9) 13	(10) 13	(11) 12	(12) 15
(13) 10	(14) 11	(15) 16	(16) 14
(17) 10	(18) 11	(19) 13	(20) 17

2
(1) 12	(2) 11	(3) 14	(4) 16
(5) 11	(6) 10	(7) 15	(8) 13
(9) 12	(10) 11	(11) 15	(12) 14
(13) 13	(14) 17	(15) 12	(16) 16
(17) 11	(18) 18	(19) 15	(20) 12

指導上の注意

▶3つの数の計算のまとめです。前から順に計算しているか，めんどうでも途中計算を書いているか確認しましょう。

▶くり上がりのあるたし算です。まず，たされる数があといくつで10になるかを考えます。次に，その数といくつでたす数になるかを考えます。最後に，10といくつになったかをみて答えを書きます。このように，これまでに学習した「いくつといくつ」「3つの数の計算」を使って計算しているのです。くり上がりのあるたし算でつまずく場合は，それらの項目をもう一度復習するのがよいでしょう。

35 たしざん(2) —③

1
(1)	11	(2)	15	(3)	12	(4)	15
(5)	12	(6)	10	(7)	13	(8)	11
(9)	13	(10)	15	(11)	11	(12)	13
(13)	13	(14)	11	(15)	10	(16)	12
(17)	17	(18)	12	(19)	14	(20)	12

2
(1)	11	(2)	12	(3)	14	(4)	12
(5)	15	(6)	11	(7)	14	(8)	10
(9)	13	(10)	17	(11)	11	(12)	13
(13)	16	(14)	16	(15)	13	(16)	14
(17)	11	(18)	10	(19)	18	(20)	16

36 ひきざん(2) —①

1
(1)	2, 5, 7	(2)	1, 4, 5
(3)	5, 3, 8	(4)	6, 1, 7

2
(1)	9	(2)	7	(3)	7	(4)	8
(5)	8	(6)	4	(7)	6	(8)	9
(9)	5	(10)	6	(11)	7	(12)	9
(13)	8	(14)	6	(15)	3	(16)	4
(17)	9	(18)	6	(19)	5	(20)	8

37 ひきざん(2) —②

1
(1)	8	(2)	9	(3)	8	(4)	6
(5)	9	(6)	5	(7)	8	(8)	4
(9)	7	(10)	8	(11)	7	(12)	5
(13)	4	(14)	8	(15)	10	(16)	4
(17)	8	(18)	9	(19)	7	(20)	6

2
(1)	6	(2)	9	(3)	5	(4)	6
(5)	3	(6)	9	(7)	7	(8)	8
(9)	3	(10)	9	(11)	4	(12)	5
(13)	8	(14)	7	(15)	2	(16)	6
(17)	9	(18)	7	(19)	10	(20)	9

指導上の注意

▶くり下がりのあるひき算です。
ここでは，減加法で説明しています。これは，ひかれる数を10といくつに分け，10からひく数をひき（減）それと残りの数をたす（加）方法です。
もう1つの計算方法として，減減法があります。これは，例えば，

$$13-8=13-3-5$$
$$=10-5$$
$$=5$$

のように，8を3と5に分け，まず3をひいて10にし，さらに残りの5をひく方法です。
いずれの方法でも，「いくつといくつ」「3つの数の計算」を使いますから，計算につまずく場合は，それらの項目を復習させてください。

38 ひきざん (2) ― ③

1
(1) 5	(2) 7	(3) 8	(4) 4
(5) 4	(6) 9	(7) 10	(8) 8
(9) 7	(10) 9	(11) 6	(12) 9
(13) 7	(14) 2	(15) 8	(16) 6
(17) 8	(18) 7	(19) 9	(20) 5

2
(1) 7	(2) 6	(3) 7	(4) 10
(5) 6	(6) 5	(7) 7	(8) 5
(9) 9	(10) 3	(11) 9	(12) 6
(13) 9	(14) 6	(15) 5	(16) 9
(17) 8	(18) 8	(19) 8	(20) 3

39 「たしざん (2)」「ひきざん (2)」 の まとめ ― ①

1
(1) 12	(2) 7	(3) 14	(4) 7
(5) 13	(6) 8	(7) 13	(8) 8
(9) 12	(10) 4	(11) 11	(12) 7
(13) 12	(14) 6	(15) 14	(16) 7
(17) 15	(18) 3	(19) 13	(20) 4

2
(1) 15	(2) 8	(3) 8	(4) 12
(5) 5	(6) 12	(7) 8	(8) 14
(9) 17	(10) 15	(11) 4	(12) 8
(13) 12	(14) 5	(15) 15	(16) 5
(17) 9	(18) 16	(19) 14	(20) 9

指導上の注意

▶計算につまずいたら,「いくつと いくつ」「3つの数の計算」の項目 を復習させてください。

▶くり上がりのあるたし算と, くり 下がりのあるひき算の復習です。
たし算とひき算を間違えないよう に, おちついて, ていねいに計算す るよう, ご指導ください。

❹⓿ 「たしざん(2)」「ひきざん(2)」の まとめ―②

❶ しき 8＋7＝15 こたえ 15だい

❷ しき 12－4＝8 こたえ 8ほん

❸ しき 9＋5＝14 こたえ 14ひき

❹ しき 4＋9＝13 こたえ 13こ

❺ しき 15－6＝9
こたえ みかんが 9こ おおい

❻ しき 15－8＝7 こたえ 7ひき

指導上の注意

▶「あわせていくつ」が1と3，「ふえるといくつ」が4で，たし算になります。
「のこりはいくつ」が2と6，「ちがいはいくつ」が5で，ひき算になります。

❹❶ 100までの かず―①

❶ (1) 50　(2) 90　(3) 80　(4) 90
(5) 80　(6) 50　(7) 70　(8) 90
(9) 90　(10) 100

❷ (1) 20　(2) 10　(3) 30　(4) 50
(5) 50　(6) 30　(7) 30　(8) 20
(9) 10　(10) 70

▶「何十」＋「何十」のたし算や，「何十」－「何十」のひき算は，10がいくつになるかを考えて求めます。指導の際には，10円玉を用いて，「4個と3個を合わせると何個になるかな」と問いかけ，次に「では，40円と30円を合わせると何円かな」と考えさせるのが効果的です。

❹❷ 100までの かず―②

❶ (1) 24　(2) 37　(3) 43　(4) 61
(5) 79　(6) 82　(7) 56　(8) 95
(9) 68　(10) 49

❷ (1) 30　(2) 50　(3) 40　(4) 70
(5) 20　(6) 80　(7) 60　(8) 90
(9) 40　(10) 70

▶30と5を合わせると35です。これを式で表すと 30＋5＝35
また，26は20と6ですから，6をとると20になります。これを式で表すと 26－6＝20
このように，2けたの数は「何十」と「いくつ（1けた）」から構成されていることをもとにした計算練習です。

㊸ 100までの かず —③

1
(1) 43	(2) 35	(3) 68	(4) 59
(5) 24	(6) 78	(7) 86	(8) 98
(9) 29	(10) 49		

2
(1) 24	(2) 47	(3) 67	(4) 84
(5) 54	(6) 97	(7) 76	(8) 39
(9) 48	(10) 27	(11) 57	(12) 85
(13) 79	(14) 37	(15) 99	(16) 67
(17) 57	(18) 48	(19) 79	(20) 86

㊹ 100までの かず —④

1
(1) 28	(2) 56	(3) 86	(4) 38
(5) 97	(6) 45	(7) 79	(8) 69
(9) 57			

2
(1) 78	(2) 37	(3) 48	(4) 58
(5) 28	(6) 64	(7) 84	(8) 96
(9) 49	(10) 73	(11) 37	(12) 87
(13) 65	(14) 55	(15) 99	

㊺ 100までの かず —⑤

1
(1) 34	(2) 43	(3) 61	(4) 23
(5) 54	(6) 83	(7) 72	(8) 92
(9) 43	(10) 63		

2
(1) 21	(2) 82	(3) 95	(4) 42
(5) 61	(6) 72	(7) 35	(8) 55
(9) 43	(10) 94	(11) 67	(12) 75
(13) 35	(14) 51	(15) 22	(16) 88
(17) 51	(18) 46	(19) 27	(20) 91

指導上の注意

▶2けたの数と1けたの数のたし算です。

一の位だけ計算し，十の位はそのままでよいタイプの問題です。

くり上がりがある問題は，2年生の学習内容ですから，1年生では扱いません。

▶けた数が異なる数の計算では，位を間違えて計算してしまうことがあります。

それを防ぐには，筆算が有効であることを教えてあげましょう。

▶2けたの数から1けたの数をひくひき算です。

一の位だけ計算し，十の位はそのままでよいタイプの問題です。

くり下がりがある問題は，2年生の学習内容ですから，1年生では扱いません。

46 100までの かず─⑥

1
(1) 51	(2) 24	(3) 92	(4) 31
(5) 83	(6) 41	(7) 73	(8) 52
(9) 67			

2
(1) 63	(2) 74	(3) 26	(4) 53
(5) 83	(6) 31	(7) 42	(8) 91
(9) 44	(10) 32	(11) 88	(12) 56
(13) 22	(14) 72	(15) 65	

47 「100までの かず」の まとめ─①

1
(1) 24	(2) 57	(3) 72	(4) 45
(5) 37	(6) 93	(7) 86	(8) 65
(9) 38	(10) 78	(11) 83	(12) 28
(13) 42	(14) 94	(15) 55	(16) 66
(17) 34	(18) 51	(19) 79	(20) 96

2
(1) 21	(2) 38	(3) 74	(4) 49
(5) 82	(6) 68	(7) 59	(8) 97
(9) 49	(10) 24	(11) 65	(12) 95
(13) 76	(14) 31	(15) 53	(16) 86
(17) 21	(18) 68	(19) 49	(20) 82

48 「100までの かず」の まとめ─②

1 しき 50 + 20 = 70　　こたえ　70 こ

2 しき 60 − 40 = 20　　こたえ　20 まい

3 しき 72 + 6 = 78　　こたえ　78 まい

4 しき 28 − 5 = 23
こたえ　りんごが　23 こ　おおい

5 しき 35 − 3 = 32　　こたえ　32 さい

6 しき 24 + 1 + 3 = 28　こたえ　28 にん

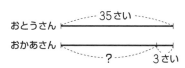
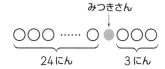

㊾ 1 ねんの まとめ—①

1
(1) 7	(2) 9	(3) 10	(4) 12
(5) 5	(6) 13	(7) 13	(8) 18
(9) 5	(10) 10	(11) 8	(12) 17
(13) 9	(14) 18	(15) 13	(16) 14
(17) 15	(18) 13	(19) 12	(20) 17

2
(1) 7	(2) 11	(3) 9	(4) 17
(5) 6	(6) 18	(7) 7	(8) 12
(9) 13	(10) 9	(11) 11	(12) 15
(13) 8	(14) 14	(15) 16	(16) 19
(17) 7	(18) 11	(19) 12	(20) 16

㊿ 1 ねんの まとめ—②

1
(1) 2	(2) 5	(3) 5	(4) 14
(5) 5	(6) 8	(7) 2	(8) 1
(9) 7	(10) 5	(11) 11	(12) 8
(13) 15	(14) 5	(15) 3	(16) 6
(17) 5	(18) 9	(19) 2	(20) 7

2
(1) 3	(2) 2	(3) 2	(4) 8
(5) 13	(6) 7	(7) 15	(8) 7
(9) 8	(10) 12	(11) 7	(12) 10
(13) 6	(14) 4	(15) 1	(16) 11
(17) 7	(18) 3	(19) 9	(20) 8

指導上の注意

▶くり上がりのないものと，あるものが，まじっています。
1問ずつ確実に計算するよう，ご指導ください。

▶くり下がりのないものと，あるものが，まじっています。
1問ずつ確実に計算するよう，ご指導ください。

🔢51 1ねんの まとめ──③

1
(1) 9　(2) 1　(3) 14　(4) 4
(5) 16　(6) 12　(7) 4　(8) 15
(9) 14　(10) 12　(11) 2　(12) 6
(13) 8　(14) 19　(15) 13　(16) 9
(17) 11　(18) 8　(19) 17　(20) 6

2
(1) 7　(2) 12　(3) 6　(4) 10
(5) 16　(6) 10　(7) 3　(8) 18
(9) 4　(10) 6　(11) 18　(12) 16
(13) 27　(14) 46　(15) 78　(16) 82
(17) 55　(18) 39　(19) 99　(20) 65

🔢52 1ねんの まとめ──④

1 しき　9 + 6 = 15　こたえ　15 こ
2 しき　14 − 8 = 6　こたえ　6 こ
3 しき　7 + 6 = 13　こたえ　13 そう
4 しき　36 − 4 = 32　こたえ　32 まい
5 しき　7 + 5 = 12　こたえ　12 こ
6 しき　9 − 2 = 7　こたえ　7 こ

53 1ねんの まとめ—⑤

1 しき 6＋8＝14　こたえ　14にん

2 しき 9＋1＋7＝17　こたえ　17にん

3 しき 15－8＝7　こたえ　7にん

4 しき 13－5＝8　こたえ　8にん

5 しき 12－6－1＝5　こたえ　5にん

6 しき 14－7－1＝6　こたえ　6にん

54 1ねんの まとめ—⑥

1 しき 11－2＝9　こたえ　9にん

2 しき 25＋4＝29　こたえ　29ほん

3 しき 15－6＝9　こたえ　9ほん

4 しき 4＋6＋8＝18　こたえ　18こ

5 しき 16－6－2＝8　こたえ　8こ

6 しき 7＋9－8＝8　こたえ　8ほん

指導上の注意

▶何番目かを扱う問題では，その人が人数にはいっているかどうかを考えます。

1のたかしくんは，前からの6人にはいっていますが，**2**のおさむくんは，前からの9人にも，うしろからの7人にもはいっていません。

図をかいて考えるとわかりやすいです。

▶**1**は，くばったみかんの数が子どもの人数と等しくなります。